THE PLIGHT OF THE PENGUIN
BY LLOYD SPENCER DAVIS

ペンギンもつらいよ

ペンギン神話解体新書

ロイド・スペンサー・デイヴィス
上田一生・沼田美穂子 訳・解説

青土社

ペンギンもつらいよ

ペンギン神話解体新書

目次

1・歴史

歴史が繰り返すことなんてない
眠りに落ちる前
僕は自分に言い聞かせる
すると闇の中に一筋の光が射し
新たな境地へと僕を導いてくれる

「History Never Repeats」
スプリット・エンズ

「新たな境地へと僕を導いてくれる」
（写真：Lloyd Spencer Davis）

イルカ泳ぎで進むアデリーペンギン
(写真：Lloyd Spencer Davis)

魚になりたい鳥
(イラスト：S・Wroot)

ペンギンとは何者か？

答えは一目瞭然、とはいかないようです。何よりまず、ペンギンは「鳥」です。それなのに、ペンギンは「魚」だとか、人間と同じ「哺乳類」だと思い込んでいる人が大勢いると、複数の調査で判明しています。ペンギンを分類という枠にはめることの難しさを象徴する実態と言えましょう。例えるなら、丸い穴に――普段は魚に占領されている丸い穴に――四角い鳥をはめ込もうとあがく、そんな感じです。

ある意味これは、まったくの見当違い、というわけでもありません。ペンギンは、魚になりたい鳥なのですから。気嚢の底から羽根先に至るまで、ペンギンは「鳥」そのものですが、進化の時計を巻き戻し、祖先である魚そっくりに逆戻りしてしまったように見えます。とは言え、ペンギンは半分鳥で、半分魚、などと考えるのは間違いです。一見、魚のふりをした、完全な鳥です。

この事実は、思ったほどおかしなことではないかもしれません。水中では、空気中よりも大きな抵抗が生まれます。動物が水中で素早く、効率よく移動するためには、流線形の体型が不可欠です。動物の体型など形態的特徴は、自然淘汰というプロセスを経て確立されたものです。海の中で暮らす動物の場合、流線形の身体を持つものが最も速く泳ぎ、生存能力に優れ、最も多くの子孫を残すことになります。大海原に目をやれば、ビンチョウマグロやホオジロザメなどの流線形の動物がそこかしこで見られます。カメや、アザラシ、クジラ、イルカなども同様で、これらはみな、ペンギンがそうであったように、しばらく陸上生活をしていた祖先が再び海の中へと戻った動物種である、ということがわかっています。こうした適合は、物理学と生物学との融合から生み出されるものです。水中を移動するという物理的負荷が、あらゆる水生動物の形態に制約を課すことになるのです。

そうなると、ペンギンは、進化の時計を巻き戻して魚に戻ったのではありません。ほとんどすべての水生動物の形態がそうであるように、水中という物理的法則から逃れられない身となった以外の何者でもない、というわけです。

流線形の体型が不可欠：水を得た魚のように振る舞うヒゲペンギン（写真：V・Seliverstov）

ペンギンの系統樹には、遠い祖先として魚類が含まれています。四億年ほど前のデボン紀、ぬかるんだ海岸に、肉質の胸ビレを足のように使って立つ肉鰭類(にくきるい)の魚が現れました。ハイギョが踏み出した小さな一歩は、人類の出現という大きな躍進を導くことになります。その瞬間から、まったく新しい世界に脊椎動物（背骨を持つ動物）たちが招き寄せられました。彼らは目覚ましい進化を遂げ、今日も見られる両生類や爬虫類、哺乳類へと姿を変えました。こうした進化の過程の

ウミガメはヒレ状に進化した前肢を使って水中を「飛ぶように」泳ぐ。ペンギンが、祖先の持っていた翼をフリッパーに進化させたのとよく似ている
（写真：Lloyd Spencer Davis）

どこかで、あるグループの動物たちが、やがて私たちの知る鳥類としての特徴を持つように進化していったのです。

地質時代

年（100万年）	代	紀	世	
0	新生代	第四紀	完新世	
			更新世	人類誕生
		第三紀	鮮新世	人類の祖先
			中新世	
50			漸新世	ペンギン誕生
			始新世	ペンギンの祖先
			暁新世	有胎盤哺乳類の誕生
100	中生代	白亜紀		
150		ジュラ紀		鳥類誕生 哺乳類誕生
200		三畳紀		恐竜誕生
250	古生代	二畳紀		
300		石炭紀		爬虫類誕生
350		デボン紀		両生類誕生
400		シルル紀		顎口類誕生
450		オルドビス紀		脊椎動物誕生
500				
550		カンブリア紀		多くの脊椎動物の起源
600		先カンブリア時代		藻類、海綿類

地球の歴史は、地質学者たちによって〇〇代、〇〇紀、〇〇世のように区分されている。最初のペンギンが現れたのは新生代第三紀の始新世である（表：J・Cooper）

歴史に背を向けて：スネアーズペンギン（写真：M・Renner）

ペンギンに関して、その元祖となる鳥が、数百万年にもわたり重ねてきた陸上での進化に背を向け、水辺へと歩を進め、海の中へとジャンプしたのは、一体いつの時点のことであったのか、それを正確に割り出すことは容易ではありません。

ペンギンが、鳥類が飛翔能力を得る以前の太古の系統の鳥の生き残りであると考えられていたのは、もう時代遅れな話で、事実ではありません。ペンギンの祖先は飛翔能力を持った鳥であり、ずっと

最近になって出現したのがペンギンなのです。確認されているペンギン化石で最も古いものは、たった四〇〇〇万年ほど前のもので、初めて鳥類が空を飛んでからすでに一億年以上が経過した頃に当たります。さらに古い骨の化石では、ペンギンの特徴と空を飛ぶ鳥の特徴とを併せ持ったものが、ニュージーランドのワイパラという地域で発掘されています。
　このワイパラの化石は五〇〇〇万〜六〇〇〇万年前、地質学的には暁新世後期〜始新世初期と呼ばれる時代のものです。当時、地球上の気候は今よりもずっ

2つの世界の狭間で足止めをくらうフンボルトペンギン（写真：Lloyd Spencer Davis）

と温暖でしたが、恐竜はすでに絶滅していました。アザラシやクジラなども、まだその祖先であるクマやゾウに似た動物の姿でした。彼らが海で暮らす種へと進化していったのはもっとずっと後のことです。つまり、海の中には膨大な資源が眠っていて、どこかの鳥が歴史の針を巻き戻し、魚のような姿に戻るのを待ち受けていた、というわけです。

でも、歴史が繰り返されることなどありません。鳥を水辺に連れて行くことはできても、水中に沈めることはできませんよね。鳥類が持つ気嚢と、空洞だらけの骨は、空を飛ぶために不可欠ですが、身体の比重を水よりも軽くしますから、鳥は水に浮いてしまい、魚のように沈んでいることができません。海の恵みの恩恵を得ようとするのであれば、ペンギンの原型である鳥たちは、水に浮いてしまうなどの飛翔能力の遺産という多くの壁を乗り越えなければなりませんでした。彼らが再び魚の姿に戻ることはなく、鳥であるという足かせを捨て去ることもできませんでした。未来永劫にわたり、系統発生上[1]の中間種的な存在となり、妥協の生涯を送る運命だったのです。

（1）　系統発生論では、進化の履歴という観点から様々な生物群同士の関係が表されます。

ペンギン「あるある」？ 8つの誤解

1. ペンギンは魚か哺乳類の一種だ

ペンギンは鳥です。羽毛があり、卵を産み、抱卵してヒナをかえす、という鳥類特有の性質を持つ、れっきとした鳥です。ペンギンの祖先は空を飛べる鳥であったことが、化石の研究や遺伝子解析の結果から明らかになっています。

2. ペンギンの生息地にはホッキョクグマがいる

ペンギンとホッキョクグマが一緒にいる図は、コミックの世界では昔からおなじみですが、現実の世界では、ホッキョクグマは北半球のみに生息するのに対し、ペンギンの生息地は南半球にしか存在しません。

ガラパゴスペンギンの繁殖地は赤道直下のガラパゴス諸島だ
（写真：Dstamatelatos）

3. ペンギンには皮下脂肪があるから水中でも生きていける

ペンギンが一定の皮下脂肪を蓄えているというのは事実ですが、その厚みも、効果も、大きいものではありません。断熱効果をもたらすのは主に羽毛です。一枚一枚の羽毛がしっかりからみ合い、その根元にできる空気の層が保温効果を発揮します。

4. ペンギンは雪と氷に囲まれて生きている

ペンギンが長時間、水中で過ごすことを可能にしているのが羽毛というサバイバルスーツですが、そのおかげで、他の鳥類には想像もつかないほどの寒さの中でもペンギンは繁殖することができます。ただし、赤道直下や砂漠のふちに生息する種類のペンギンもいます。

5. ペンギンはウミスズメの近縁種である

ウミスズメ科（ウミガラス類やウミスズメ類）の鳥類は、ペンギンの北半球での生態的同位種であるとよく言われます。確かに、ペンギンという名称はオオウミガラスという、すでに絶滅した飛べない鳥の学名である「*Penguinus impennis*」にちなんでつけられました。しかし、ウミガラスとペンギンの類似点というのは、実はごく表面的なものです。似かよった環境で、似かよった生活様式で暮らしていると、自然淘汰が繰り返される結果、種としてはもともと関係のなかった動物が似かよった形態に進化する、という「収れん進化」のたまものなのです。

6. ペンギンは生涯、つがい相手を変えない

これは、一雌一雄で群生する海鳥のほぼ全種について言われがちなことですが、ペンギンでは毎年、つがいの半数以上で相手が変わる場合もあります。これは前年のつがいの両者が生存していても見られる現象です。ただし、離婚率は種によって、あるいは地域によっても大きく異なります。

7. ヒナがクレイシにいる間、親鳥はお互いのヒナに餌をやったり、危険から守ったりする

ペンギンの多くの種では、ヒナが二〜三週齢

になり、親鳥が二羽とも同時に餌を採りに行かなければならなくなると、ヒナ同士が集団になって過ごすクレイシを形成します。他の親鳥がそこにいるだけでも、トウゾクカモメのような捕食者を遠ざける効果はあるかもしれませんが、自分の子どもでないヒナを守るために持ち場を離れるようなことはなく、餌も自分のヒナだけに与えます。

8. ペンギンは、海にヒョウアザラシがいないかどうか確認するために仲間の一羽を先に突き落とす

事情を知らないと、そのように見えるのでしょうか。ペンギンは、海に食べ物を採りに行く際氷山のへりや岸壁に集合します。水中生活には

アデリーペンギンのクレイシでヒナに餌を与えるのは実の親鳥だけだ
（写真：Lloyd Spencer Davis）

目覚ましい適応を見せるペンギンですが、いざ飛び込みとなると、明らかに怖気づいてしまいます。ヒョウアザラシがいるかもしれない、という恐怖心の表れと考えられることもしばしばです。しかし当然ながら、生けにえを捧げることなどありません。飛び込みをちゅうちょする間、ペンギンたちは押し合いへし合いし、大声で鳴きます。そうこうするうちに、最初の一、二羽がジャンプします。すると、残りのペンギンたちは尻込みする場合もあれば、一斉に飛び込み始め、まるで白黒二色の滝のようになだれ込むこともあります。

鳥類

独立した鳥綱にあらず

例えばですが、あなたの寝室で、脱いだ服を全部、床に放り投げたところを想像してみてください。私の息子の寝室そっくりになるだけでなく、足の踏み場もない状況に陥ることになりますね。ここで視点を変えて、自然界を眺めてみると、それは同じように雑然とした状態にあるのです。種々の植物と動物とが、地球上のあらゆるところで複雑に入り乱れて生活していますから。この複雑な状態を理解する方法のひとつとして人類が編み出したのが、系統分類というものです。私がいつも息子に言い聞かせているように、普通の人の寝室では靴下はばらばらにではなく一か所にまとめて置かれます。

カロルス・リンナエウスという呼び名でも知られるスウェーデンの博物学者カール・フォン・リンネは一八世紀、同類のものをまとめるという、私の息子が、自分の衣類についてさえ成しえない作業を、自然界を相手に実行しました。種々の動植物を階層別に分類する体系を作り上げたのです。例えば、イヌは *Canis familiaris* と呼びます。前半部分の *Canis* はこの生物が該当する属（genus）を、後半部分の *familiaris* は種（species）を表すものです。[2] 靴下は靴下でひとまとめにしておくのと同じように、似かよった種の生物はすべて同じ属に分類されます。したがって、イヌに似ているオオカミやコヨーテ、ジャッカルなどは、いずれもイヌ属（*Canis*）の動物として、この属名があてがわれています。

（2）学術的な規約により、属名は必ず先頭のみ大文字で、種名はすべて小文字で書き、どちらも下線つき、もしくは斜体（イタリック体）で表します。

ウミイグアナ：ガラパゴス諸島に生息する爬虫類
（写真：Lloyd Spencer Davis）

オオカミなら *Canis lupus* ですし、コヨーテなら *Canis latrans* です。

イヌ属の動物たちには多くの共通点がありますが、他の属に当たる動物たちもいくつかの共通点を持っています。例えばネコや、クマ、フェレットなどは、イヌ属もすべて合わせて、肉食動物という、より大きな分類に属します。さらに、もうおわかりでしょうが、肉食動物も他の種類の動物と共通点を持っていて、それらをひとくくりにしたさらに大きな分類を哺乳類と呼ぶ、という具合です。あなたの住まいはどこですか、と尋ねられたときと似ています。答えを番地で言うか、町名か、市か、州（都道府県）か、国か、はたまた大陸か…いずれも正解ですね。より上位の階層へ行くに従って、より大きな分類となり、共通の特徴を持つ個体の数も多い、というわけです。

ウミイグアナとシュレーターペンギン：どちらも爬虫類の仲間
（写真：Lloyd Spencer Davis）

　これは、情報を分類するにはよくできた仕組みですし、寝室の整理整頓には非常に有効でしょう。ただ、生物学上の問題点として、何がどの分類に属し、各分類の間にどのような関連があるか、誰かが決めなければならない（すなわち、その分類が言うなれば「市」に当たるものか、あるいは「国」なのか？）、ということがあります。手持ちの衣類を分類する話であれば、何も難しいことはありません。ジャケットがパジャマの隣に来るか、あるいはパンツの隣に来るか、そんなことはどっちでも支障はなく、誰も気にしません。しかし、リンネの命名方法では、類似の生物が同じ分類に属すだけでなく、いろいろな生物の進化上の関係を示すことが前提であると、暗に定められていて、これが問題なのです。ある分類を誤った階層に割り当ててしまえば、進化の経路を完全に誤った形で提示してしまうことになります。これがジーンズの話であれば、その起源が本当にフランス革命当時のバギーパンツにあるのかどうかなど、誰も気にしないでしょう。今はもう、膝下丈の半ズボンにタイツ姿で街を闊歩する時代ではない、という事実を素直に喜ぶだけです。しかし生物となると、偉大なる遺伝学者テオドシウス・ドブジャンスキーが雄弁に述べたとおり、「進化という観点なくして生物学に意味をなすものなどない」のです。進化上の関係が正確に示されていること、これが生物学のすべてなのです。

リンネの分類法によると、鳥類は「綱（class）」という階層に分類されます。これは、他の陸生脊椎動物の綱である両生綱や、爬虫綱、哺乳綱と同等の階層です。ところが、分岐学[3]という、生物の分類に用いられる新しい方法があり、これは進化上の関係をより客観的に定義するものです。この分岐学によると、鳥類は恐竜と同じ分類に属し、爬虫類の中の一群ということになるのです。つまり鳥類は、両生類や爬虫類、哺乳類などと同等で別個の階層にある、羽毛に覆われた動物、というわけではなく、進化論という観点では、鳥類の位置づけはワニのそれと何ら変わりない、ということのようです。私の個人的見解としては、みんなが自分の部屋を整理整頓しておいてくれるなら何でも構わないと思っていますが。

（3）分岐学は別名を系統分類学といい、これを用いると従来の体系学とは異なる名称が適用されることがあります。具体的には、爬虫類を竜弓類、哺乳類を単弓類と呼んだりします。

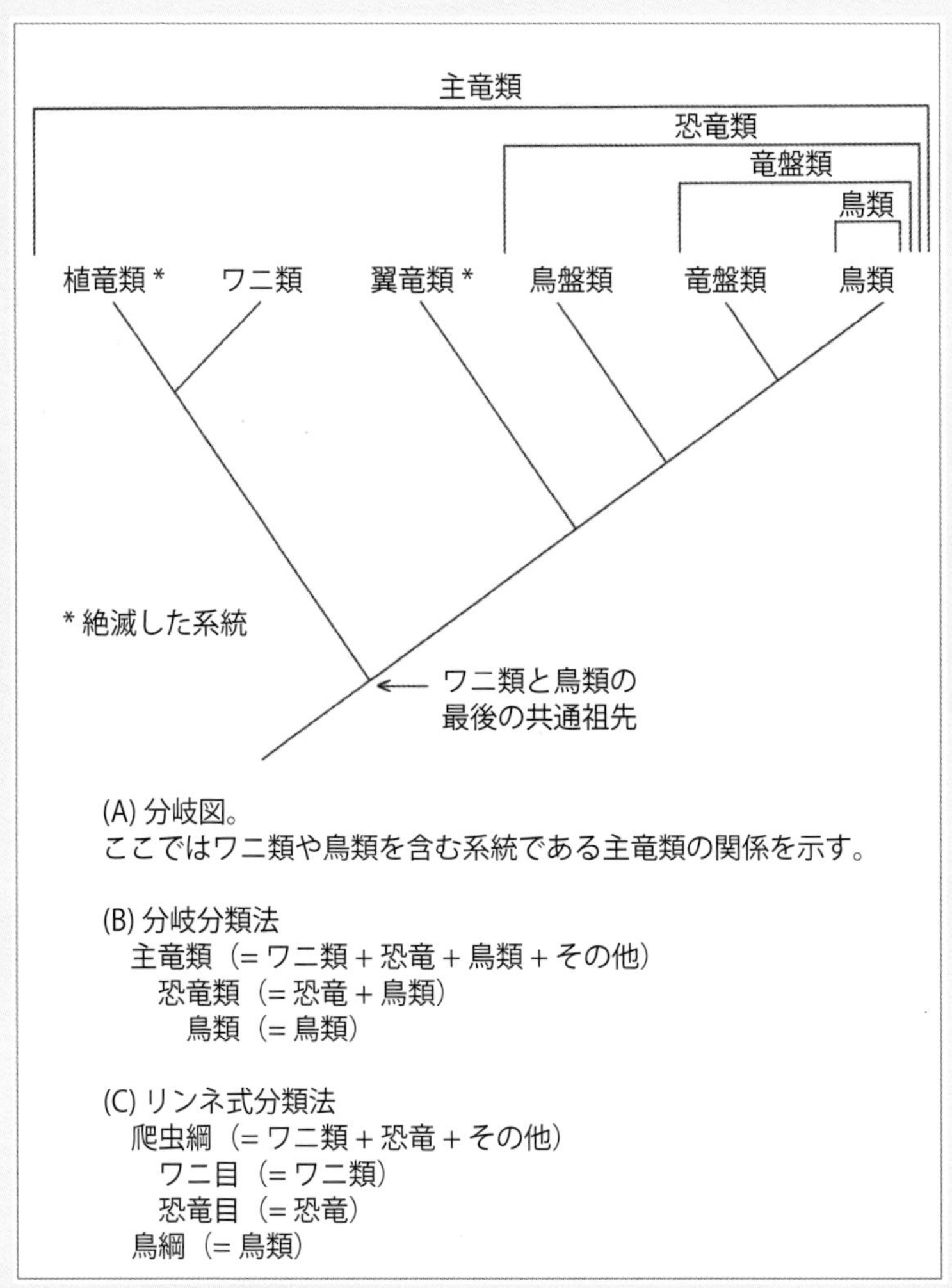

分岐図。鳥類がワニ類と近縁にあることがわかる（分岐学、あるいは系統分類学には諸説あり、これ以外の見解も存在します。ここでは、原著者が示す事例をそのまま掲載しました。）（図：J・Cooper）

鳥とは何か？

鳥類は、本質的には、現代に生きる恐竜と言えます。恐竜は基本的に二つのグループに分けられ、その名称はどちらも古生物学者受けしそうな、オルニスキア（鳥盤類）とサウリスキア（竜盤類）とされています。鳥盤類にはカモハシ竜や、ステゴサウルスのような鎧竜をはじめ、すでに絶滅して久しい多くの素晴らしい恐竜たちが該当します。竜盤類はさらに、獣脚類と竜脚形類という二つの小グループに分けられます。このうち竜脚形類は、やはりすべて絶滅してしまいました。植物食に特化した四本足の恐竜たちで、長い首を持つディプロドクスのような「典型的な」大型恐竜はここに分類されます。これに対し獣脚類のほうは、大半が肉食の二足動物で、二本足で歩行していました。この分類に該当するのがティラノサウルス、そして、驚くなかれ、現存の鳥類全般なのです。

最古の鳥類として知られる始祖鳥は、一億五〇〇〇万年ほど前に存在していたことが、半ダースほどの化石標本から判明しています。この始祖鳥が鳥であることを示す特徴は、羽毛です。羽毛の存在は、すべての鳥類を定義づける特徴なのです。羽毛は、鳥類の進化と、その後の繁栄のために、二つの理由で重要なものでした。一つは、断熱効果があるために鳥の体温が一定に保たれたこと、もう一つは柔軟性に富み、重量当たり表面積比の大きな覆いであるため、飛翔を可能としたことです。化石として残された始祖鳥の羽毛の痕跡を調べると、両翼の風切羽の「羽弁」が左右非対称であったなど、飛翔能力を持つ現代の鳥類の羽毛と同様の形態にすでに進化していたことがわかります。一方、ペンギンなど飛翔能力のない鳥類では、羽毛は主に断熱材の役割を担っており、「羽弁」は左右対

鳥を鳥たらしめるもの：羽毛（イラスト：Zeelias65）

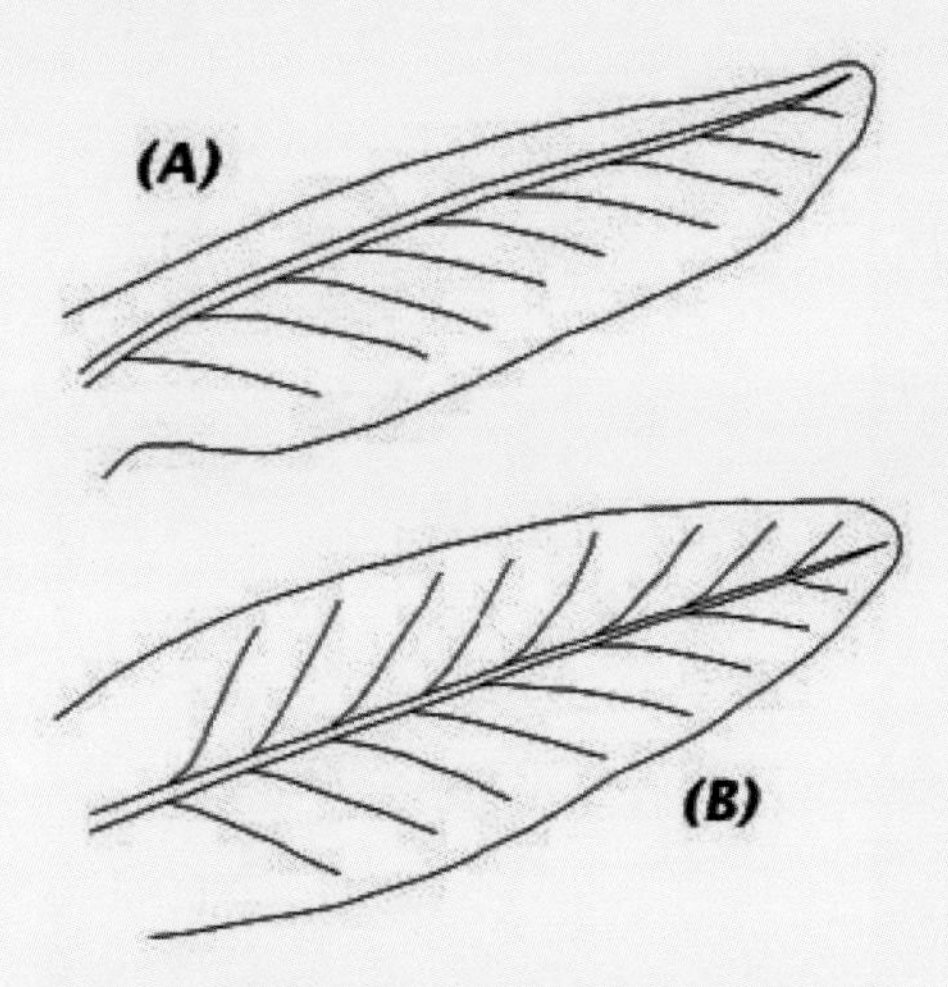

飛翔能力による風切羽の違い。（A）飛べる鳥の羽（羽弁が左右非対称）と（B）飛べない鳥の羽（羽弁が左右対称）
（イラスト：J Cooper）

という興味深い事実はあります)。卵を産むことも、胎児をお腹の中で育てる必要がなく、生殖器は必要な時期が来るまで最小限の形態のままでよい、ということになります。メスの鳥では、左側の卵管のみが機能しており、オスでは精巣の大きさが繁殖期にのみ一〇〇倍にもなったりします。人間ではそんなことにはならないのはありがたいことで、さもなければ我々男性陣は、発情したら睾丸を一輪車に載せて(!)歩かなければならなかったことでしょう。

称です。

鳥類の特徴はほぼすべて、空を飛ぶ機能に特化した結果として得られたものです。鳥類の骨格は、支柱と空洞とをうまく利用した、頑丈かつ軽量な構造となっています。例えば、ペンギンの遠い親類に当たるグンカンドリは、翼開長二メートルという大型の鳥ですが、その骨格の重量はたった一二〇グラムと、全身の羽毛の重さよりも軽いのです。食べ物を咀嚼するために必要な歯や重たい筋肉組織を、鳥類は持っていません(ただし、始祖鳥にはまだ歯があった、

鳥類とは、まさに現代に生きる恐竜だ。カタイオルニス（*Cathayornis*）は、1億2000万年ほど前の中国に生息していた原始的な鳥で、くちばしに歯がある（写真：Lloyd Spencer Davis）

変わり者か、アホウか？

ペンギンの化石が初めて見つかったのは一八五八年、ニュージーランドでのことでした。かのチャールズ・ダーウィンが著作『種の起源』を出版し、生物は神の創造物ではなく、自然淘汰というプロセスを通じて互いに進化してきたものだと公言したのと同じ年です。たった一片の化石化したペンギンの骨はロンドンに送られました。そこで、ダーウィンの熱狂的支持者であったトーマス・ハクスリーによりすぐさま鑑定され、ペンギンの骨だが現存のいずれの種のペンギンにも該当しないと判明しました。ハクスリーは、化石化したその種を「パレユーディプティーズ・アンタークティカス（*Palaeeudyptes antarcticus*）」と命名しました。*Palaeeudyptes* は「太古の潜水士」という意味で、この骨の持ち主であった鳥を正確に表す単語と言えます。南極を意味する *antarcticus* のほうは、だいぶ的外れで、ニュージーランドと南極地方との距離はかなり遠く、ロンドンから北極地方までのほうが近いくらいです。しかし年老いたハクスリーはその事実を知る由もありませんでした。

ともあれその後、ペンギンの化石は他にも、南半球のあちこちで出土しています。すなわちニュージーランド、オーストラリア、南米、南アフリカ、亜南極圏の島々、そして南極半島沖の島々での発見です。いずれも現代のペンギンの分布域と重なります。これらの化石をもとに解明されたことは、第一に、ペンギンの種の数は、現代よりも過去のほうがずっと多かったということ、そして第二に、ペンギンの祖先には飛翔能力があったはずだということです。とはいえ、飛翔能力を持つ鳥でも具体的にどの種類がペンギンの祖先なのでしょうか？　実は、この疑問に対し明確に答えられる者はまだ誰もいません。

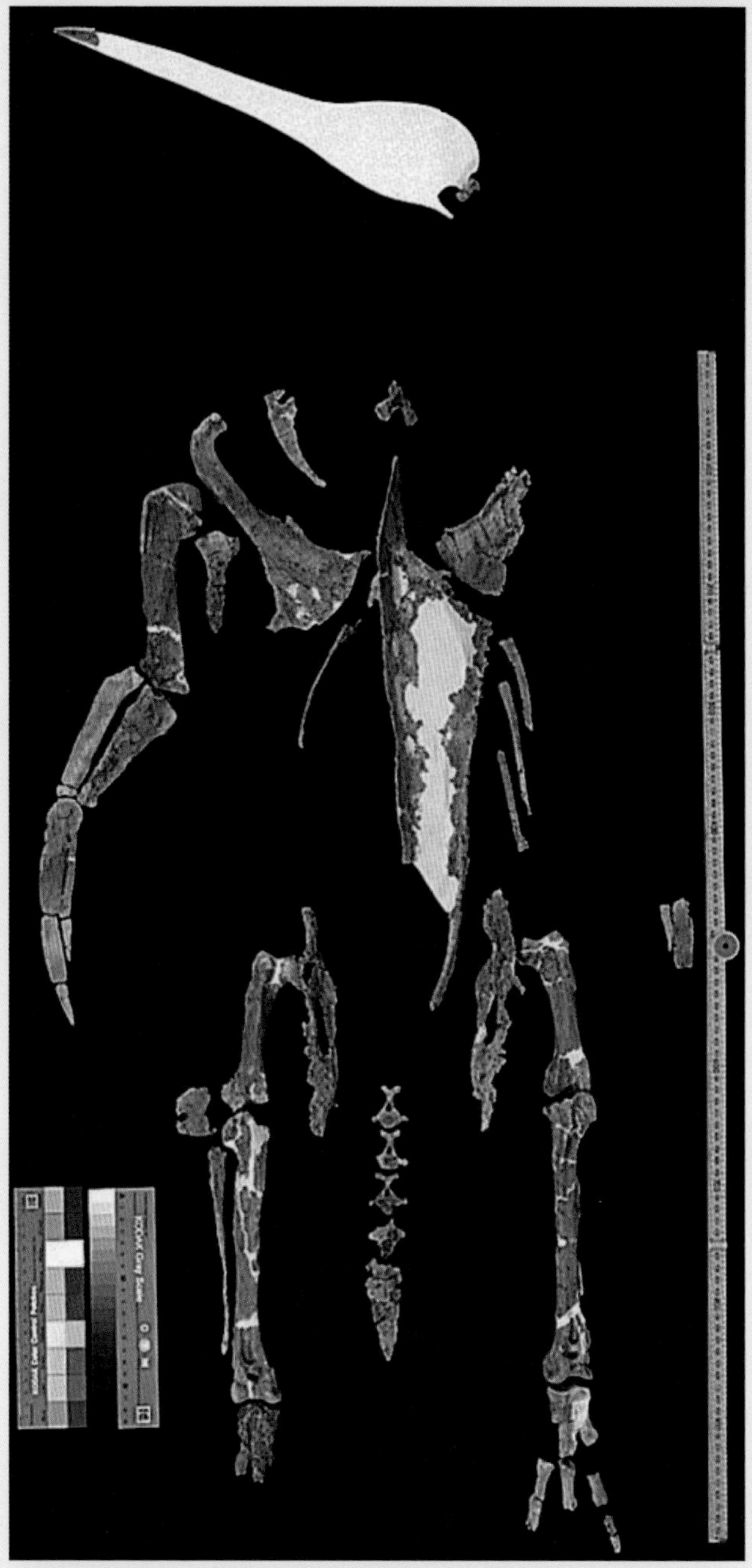

2400万年前に存在した初期のペンギン「プラティディプティーズ
(*Platydyptes*)」の骨の化石（写真：E・Fordyce）

変わり者か、アホウか？*Platydyptes*の復元想像図
（イラスト：C・Gaskin, © E・Fordyce）

骨の標本をいろいろと比較した結果では、ペンギンはアビ類（ヨーロッパでは「ダイバー」と呼ばれる）や、アホウドリ・ミズナギドリ類（クロアシアホウドリを含む）と最も近縁にあるようです。より近代的な手法で、染色体DNAの遺伝子配列の解析（DNAフィンガープリント法が、犯行現場に残された血液が容疑者のものであるという確率を求めるためなどに使用されるのと似た方法）を行った結果によると、やはりアビ類、アホウドリ・ミズナギドリ類のほか、グンカンドリ類とも近縁にあることが示唆されています。では、これらの候補のうちどの鳥がペンギンに最も近い種類なのか、というと、残念ながら現段階では技術的に限界があり、特定することができません。

ハシグロアビ：外見上は古代のペンギンにそっくり
（写真：J・Grabert）

2・水中生活に向けた大変身

いやあ　僕　そう馬鹿じゃないけど
わからないんだ
どうして彼女　歩き方は女っぽいのに
しゃべると男みたいだったんだろう
ああ　僕のローラ

「ローラ」
ザ・キンクス

ロイヤルペンギン。マカロニペンギンの亜種で顔面が白いのが特徴
（写真：Andreanita）

変身の達人：ヒゲペンギン（写真：M・Renner）

飛ぶ鳥から水中遊泳生物へと変身するために必要な変化は、いろいろな意味で、全身にわたる大手術に匹敵するほど大がかりなものです。すなわち、まったく新しい体型をデザインする必要があり、それをもともと持ち合わせていた身体部品だけでやりくりしなければなりません。両翼から胸ヒレをつくりだすことは、形成外科医が人間の腕を鳥の翼に形成するのと遜色ない大技です。つまり、ペンギンのような「生物分類歪曲者」が変身を成し遂げた要因は、自然淘汰にこそあるということです。

ペンギンが水中生活をするために実行した大改造の中でも最も際立つものが、飛翔能力の喪失です。飛べない水鳥の例は他にないわけではなく、フォークランド諸島のフナガモや、ガラパゴス諸島のガラパゴスコバネウなどがそうですが、同じ科に属するすべての種が飛べない水鳥であるのはペンギンだけです。上記のフナガモとガラパゴスコバネウは、どちらも捕食者のいない離島で、餌も沿岸近くで豊富に得られるという環境で進化した鳥です。大きな水かきのついた足が水中での推進力の源であり、飛ぶ必要がほ

フォークランド諸島のフナガモと生息環境（写真：Lloyd Spencer Davis）

とんどなかったために、両翼を維持するのはエネルギーの無駄遣いだったわけです。どちらの種も、翼はちっぽけで、過去の栄光の痕跡をとどめるにすぎません。けれども、その他の点においては、どれも他のカモ、あるいはウととてもよく似ています。これに対しペンギンの場合、鳥から魚へと生活様式の転換を実現するためには、身体の全面改造を行う必要がありました。外海で暮らす、引き締まった身体をした容赦ない狩猟マシンと化すのですから、鼻をちょっと整形した程度では足りませんよね。

飛翔能力を持つ鳥にとって問題となるのは、水中に潜れないということよりも、飛翔と潜水性能との関係は、一方を立てればもう一方が立たない関係にあるということです。空を飛ぶためには体重を軽くしておかなければならず、それはつまり、水中では浮力に対抗するためにエネルギーを大量に消費しなければならない、ということになります。一方で、鳥が水中で動き回ることができる時間と、到達できる深度は、身体の大きさに関係しています。大きければ大きいほど、潜水時間は長く、潜水深度も深くできるので

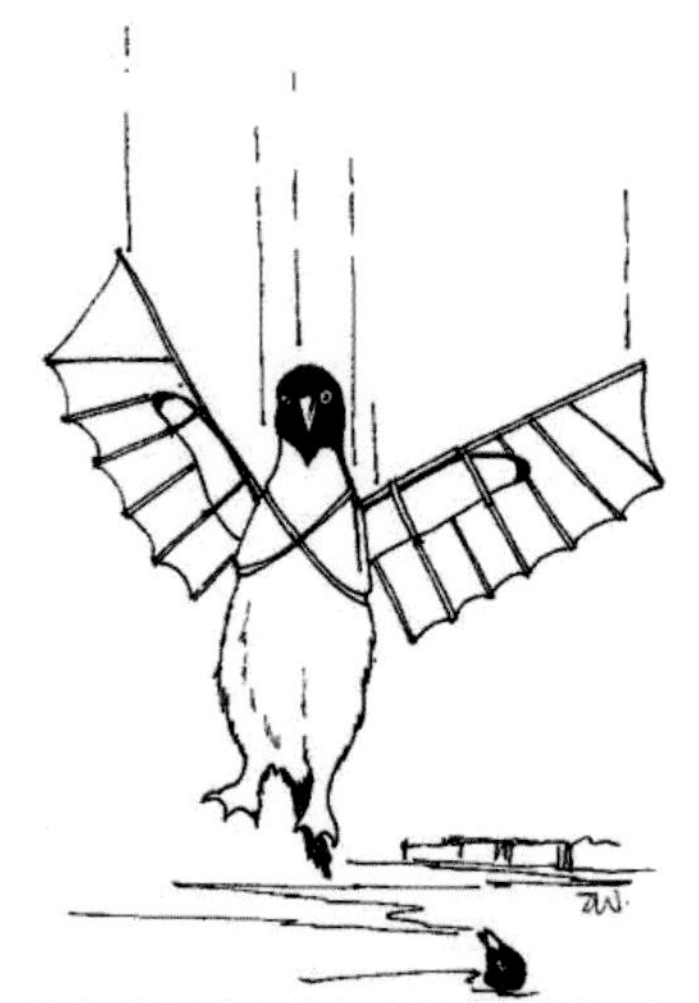

飛ぶには重すぎる：潜水に有利な特性は飛翔に必要な条件と相容れない（イラスト：S・Wroot）

す。しかし、大型の鳥が飛翔能力も本気で維持しようとすると、巨大な翼を持たなければなりません。[4] 困難なのはそこです。飛ぶためには身体を軽くし、翼は柔軟性があり、表面積が大きく揚力を与えられるものでなければなりませんが、潜水を効率的に行うには身体を大きく重くし、翼は堅く、短く、強力なものでなければなりません。

そうなると、飛ぶために必要な翼の大きさが、ある程度を超えると水中遊泳では大きすぎて不利になるという、境界点

飛行の王者：ワタリアホウドリ（写真：Lloyd Spencer Davis）

が決まってきます。実はこの境界点の目安が、体重約一キロなのです。例えば、ウミスズメ類は空を飛びますが、餌はすべて、ペンギンのように海の中で調達します。ツノメドリのような大型のウミスズメ類は、体重一キロという境界点近辺の大きさですが、その翼は短めで、ずんぐりした、潜水に有利な形態になっていて、結果的に飛翔を不得手としています。ウトウなどの小型ウミスズメ類に比べ、飛翔のためにより多くのエネルギー消費を要するのです。したがって、ツノメドリの飛翔範囲は限られており、繁殖地も

世界最小のペンギン：コガタペンギン（写真：M・Renner）

餌の採れる海域の近くを選ばなくてはなりません。飛翔能力を維持しつつ、さらに身体を大きくしようとしたならば、いかに潜水能力の向上に利点があったとしても、得られた利益はすべて打ち消されてしまっていたことでしょう。実際に、オオウミガラスなど、すでに絶滅してしまった数種のウミスズメ類は、体重一キロの境界点を上回る大型で、いずれも空を飛べない鳥でした。

このようにして、水中生活組ではより深く、より長い時間潜水できるほうが有利ですから、必然的に体格の大きい鳥へと淘汰が進んでゆきます。おそらく飛ぶ鳥から飛べない鳥への転身は、境界点である一キロ前後の体重の鳥で起こったことでしょう。ということは、飛べなくなった一番最初のペンギンは、体重約一キロだったであろうと考えられます。一キロと言えば偶然にも、これまでに化石として見つかっている中で最も小さいペンギンがその大きさですし、現存のペンギンの中で最小種であるコガタペンギンも約一キロです。ひとたび飛べない鳥になってしまえば、小型のままでいる必要は

「申し訳ございませんが…完全に重量オーバーです」
（イラスト：S・Wroot）

（4）　翼の単位表面積に対する体重の比を翼面荷重と呼びます。表面積に対し質量が小さければ小さいほど、翼はより大きな揚力を生み出すことができます。ただし注意を要する点は、鳥の体格が大きくなっても、体重の増加（体積に比例する）に比べ、翼の表面積が増加する割合はそれほど大きくありません。そのため、大きな鳥が小さな鳥と同じ揚力を得るためには、大きな鳥は比較的大きな翼を持たなければなりません。この重力の法則による影響を受けた生物として、鳥類ではありませんが翼竜の例があります。プテラノドンは、体重一七キロでしたが、空を飛ぶためには翼開長八メートルという巨大な翼が必要でした。

なくなり、ずっと大型のペンギンへと制約なく、急速に進化していきました。最大のペンギンは、すでに絶滅しているアンスロポルニス（*Anthropornis nordenskjoeldi*）という種で、体長は最大一・七メートル、体重は一〇〇キロを優に超えていました。一〇〇キロもあるペンギンが、どこで餌を探していたと思いますか？　行きたいところならどこでも構わず出かけていたんですよ。

水中を自在に泳ぎ回るという新たな境地を見出した初期のペンギンたちにとっては、新たな食材が目の前に、まさに食べ放題のごとく存在していたわけですが、水中生活はピクニックとは大違いでした。水中では、空気中に比べ二〇倍もの速さで体温が奪われます。これが魚類であれば、冷血動物ですから何の問題もありませんが、鳥類は人間と同じ温血動物なので、体温を常に三九℃前後に保っておかなければなりません。このことは空を飛ぶためには非常に有利なのですが、[5] 体温が二〜三℃でも下がってしまったら命にかかわる、という難しさもあります。人間でも、水中に放り出されたままでいたら

このスネアーズペンギンも羽毛という断熱材がなければ水中では低体温症で死んでしまうところだ（写真：Lloyd Spencer Davis）

低体温症で死んでしまいますが、同様にペンギンも、何らかの断熱手段を持ち合わせていなかったら、生き延びることはできなかったでしょう。

やはり海に魅せられ、水中生活へと移行した温血動物であるクジラやアザラシなどの哺乳類は、分厚い皮下脂肪を蓄え

(5) 体温が高いということは、化学反応もずっと速く進むことになります。温度が一〇℃上昇するごとに、化学反応の速度は二倍に増加します。反応速度が速い、すなわち食べたものを素早くハイオクエネルギーに転換することができ、そのエネルギーで飛翔を続けられる、というわけです。

ることで体温を維持するようになりました。[6] しかし、鳥類は彼らとくらべると不利な立場にあります。空を飛ぶには適切な重量制限を遵守する必要がありましたから、脂肪を大量に蓄積することのないよう、遺伝的にプログラミングされてしまっているのです。確かに、ペンギンはある程度の厚みの皮下脂肪層を持っていますが、海の中で数週間も、数日も、あるいは数時間だけでも過ごそうと思ったら、とても足りるものではありません。そこでペンギンは、水中でも体温を奪われないようにして寒さから身を守るサバイバルスーツを、羽毛という、ペンギンを鳥たらしめる構造物そのものを使って、作り出したのです。ペンギンの羽毛は一枚一枚が短く、硬く、先が曲がっていて、互いにしっかりからみ合い、皮膚と羽毛とのすき間に空気の層ができるようになっています。要は二重窓と同じ構造で、防水機能を持った断熱材の役割を果たします。また、陸上で体温が上がりすぎてしまうときのために、羽毛の根元には立毛筋があり、ちょうどルーバー窓を開けるように羽毛を逆立てて、皮膚と羽毛との間に空気を通すことができます。

（6）　アザラシの毛皮にも一定の断熱効果があります。

羽づくろいするジェンツーペンギン
（写真：A・Basile）

このように優れた設計にも欠点はあります。羽毛が摩耗してしまう、という点です。羽毛というのは表皮が発達した、死んだ細胞でできており、人間の毛髪や爪のようなものです。羽づくろいすることによって、摩耗からある程度は回復させ、羽毛を長持ちさせることはできますが、一定の期間が経つと全身の羽毛を交換しなければなりません。これはペンギンにとっては散々な話です。衣替えをする間、ペンギンは、何というか、とても無防備な状態になってしまいます。

ペンギンの場合、他の鳥とは違って、換羽のときの古いほうの羽毛は、その下に新しい羽毛が生えるまで抜け落ちないようになっていますが、そうした羽毛は断熱材としての完全な強度を保てなくなっています。そのためペンギンは海に入ることができず、陸上で過ごさなければなりません。つまり、新しい羽毛のスーツ作りのために多くのエネルギーが必要になるそのときに、急激なダイエットをする羽目になるのです。[7] そこで、例の脂肪層の出番となります。ペンギンの脂肪層は断熱効果というよりも、長期にわた

紡錘形は、水中を素早く移動しなければならない動物種に多く見られる体型（イラスト：S・Wroot）

り餌を食べられないとき、すなわち換羽や抱卵のときに、エネルギー源として役立つのです。

系統発生上の大改造に乗り出していたペンギンは、さらに歩みを進めてゆきました。鳥類はある意味、水中生活に逆戻りするには最適の候補者と言えます。飛翔のために重要な流線形の体型は、水中遊泳においても同様に有用だからです。水中そうは言っても、飛翔能力を持つ鳥類の

(7) ペンギンは、餌を採るためには海に入らなければなりません。

飛行機のような形態が、そのまま水中生活に適するわけではありません。空を飛ぶ鳥は、抗力（進行方向と反対向きにかかる力）を減らすだけでなく、揚力（進行方向に垂直で上向きにかかる力）を維持する必要があります。つまり、両翼の形を表面積が大きく、平べったいものにする、ということです。これに対し水中では、水の密度により浮力を受けますから、重力を打ち消すための揚力を生成することは、水生生物にとって重要ではありません。

ペンギンの絵画専門学校が目ぼしい成果を上げることはなかった（イラスト：S・Wroot）

一方、水中を進もうとする身体への抵抗を大きくするのもこの水の密度であり、抗力は強められます。水をかき分けて進むのに必要な力を極力少なくできる形態に利があるわけで、抗力を最小限に抑えることができる体型というのが、これまでに幾度となく立証されています。紡錘形という、円柱の両端が次第に細くとがっている形状がありますが、水中で暮らすあらゆる種類の生物たちは、進化の過程で自然淘汰の結果、この紡錘形の身体を繰り返し、獲得してきました。けれども、類似品と完璧なものとが別物であるように、紡錘形すなわちペンギンというわけではありません。回流水槽での実験によると、ペンギンの体型は、科学者やエンジニアが設計したどのような舟や、車、潜水艦、あるいは飛行機よりも、抗力の発生を低く抑えることができることがわかっています。

ペンギンが魚によく似ている点は体型だけではありません。身体の色彩に注目してみてください。何か、海洋に棲む魚と比べてみます。例えばサメです。サメの体色を思い浮かべてください。大海原には陰に隠れるための木々もなく、身を潜める穴もなく、獲物に忍び寄るとき役立つ背の高い草もありません。そのため海洋生物たちは、捕食者・被食者を問わず、体色をカムフラージュに使っています。暗い色の背中は、上空からはどんよりした海底に溶け込んで見え、白っぽいお腹は、水中から見上げたときに明るい海表面と見分けにくくなります。確かに、ペンギンの場合はちょっと違っていて、胸に妙な線が入っていたり、頬に色模様が散らしてあったり、あの旧ソ連の最高指導者ブレジネフばりの眉毛をしたのもいるわけですが、全体としては、サバや、アオザメや、シャチと同じファッションセンスの持ち主と言ってよいでしょう。

ペンギンが男装した魚みたいなものだというのなら、なぜ我々はこれほどまでにペンギンを愛するのでしょうか？　世界中どこに行っても、ペンギンの生息地すら存在しない北半球でさえも、ペンギンは人々を魅了する存在です。あるスウェーデン人女性など、ペンギン好きが高じて、結婚式でブーケの代わりにアデリーペンギンの剥製を持っていたほどです。(8) 花嫁が濡れたマグロを胸に抱いてバージンロードを歩く姿に比べれば、想

（8）　これは本当の話です。新婚旅行でニュージーランドを訪れていたスウェーデン人ヒッチハイカーのカップル、ベンクトとティティを、私は自宅に招待しました。ティティに生まれて初めて、生きたペンギンを見せるためです。

仲間はずれはどれ？（左上から時計回りに）シュレーターペンギン、レオニード・ブレジネフ、ジェンツーペンギン、マカロニペンギン（写真：Lloyd Spencer Davis, M・Renner, C・Bradshaw；似顔絵：I・McGee）

像するのはたやすいはずです。

我々がペンギンに魅せられる理由は、ペンギンが人間のように直立歩行をするからです。人間に似ているから、共感するのです。ただし服装のセンスだけは、職場でも、遊ぶときも、寝るときも、いつもタキシードを着ているペンギンのほうが一枚上手のようですね。

ペンギンが直立歩行をする背景に、彼らの脚が非常に短く、身体の後方、舟遊びをする人の言う船尾寄りについていることがあります。このことは、水中で受ける抗力を軽減するのに役立ちます。足で推進力を生み出すことはありません。両足とも、身体の後方に押し込まれ、尾とともにかじのように機能し、ペンギンが水中で方向変換するのを助けます。

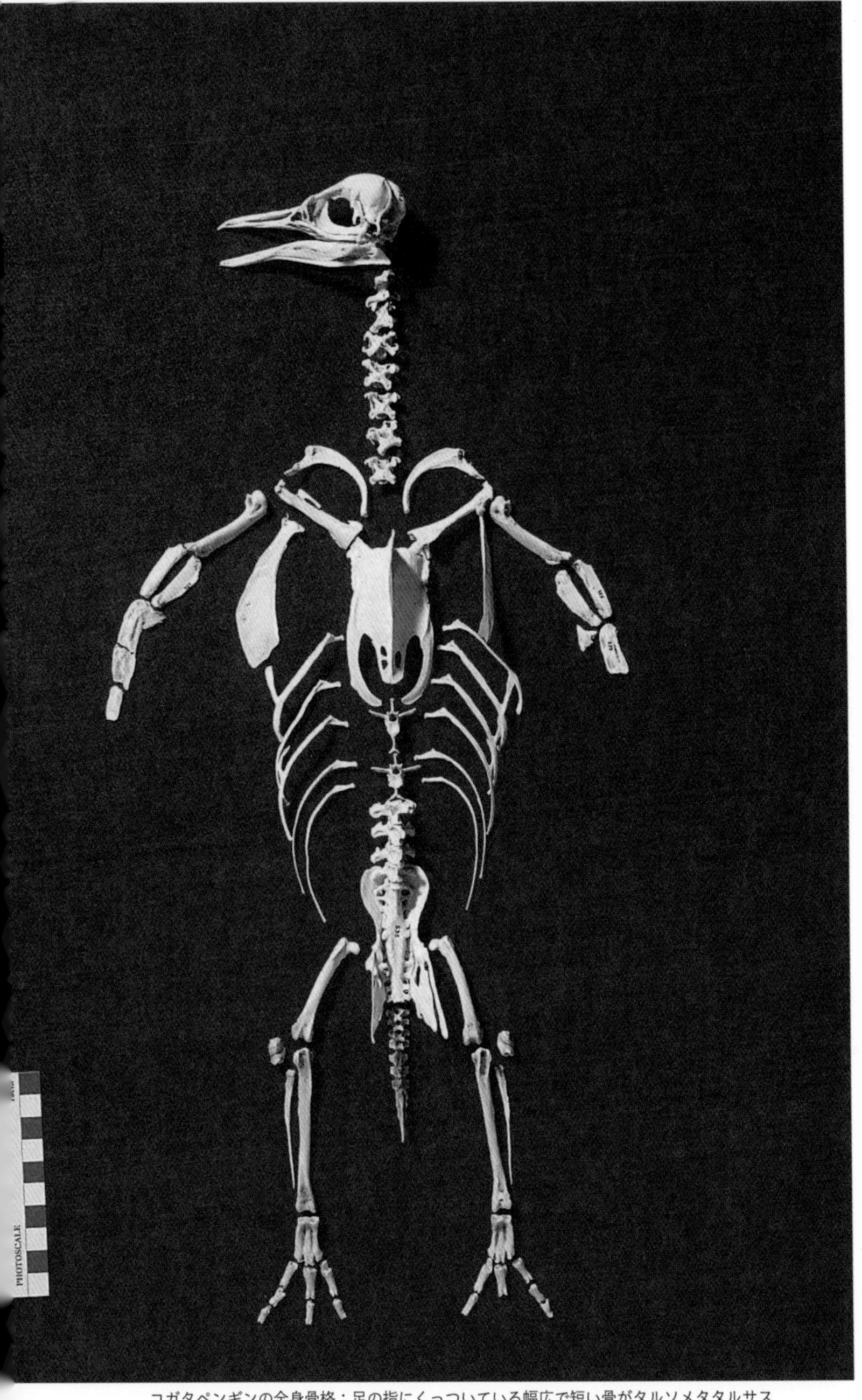

コガタペンギンの全身骨格：足の指にくっついている幅広で短い骨がタルソメタタルサス
（写真：E・Fordyce）

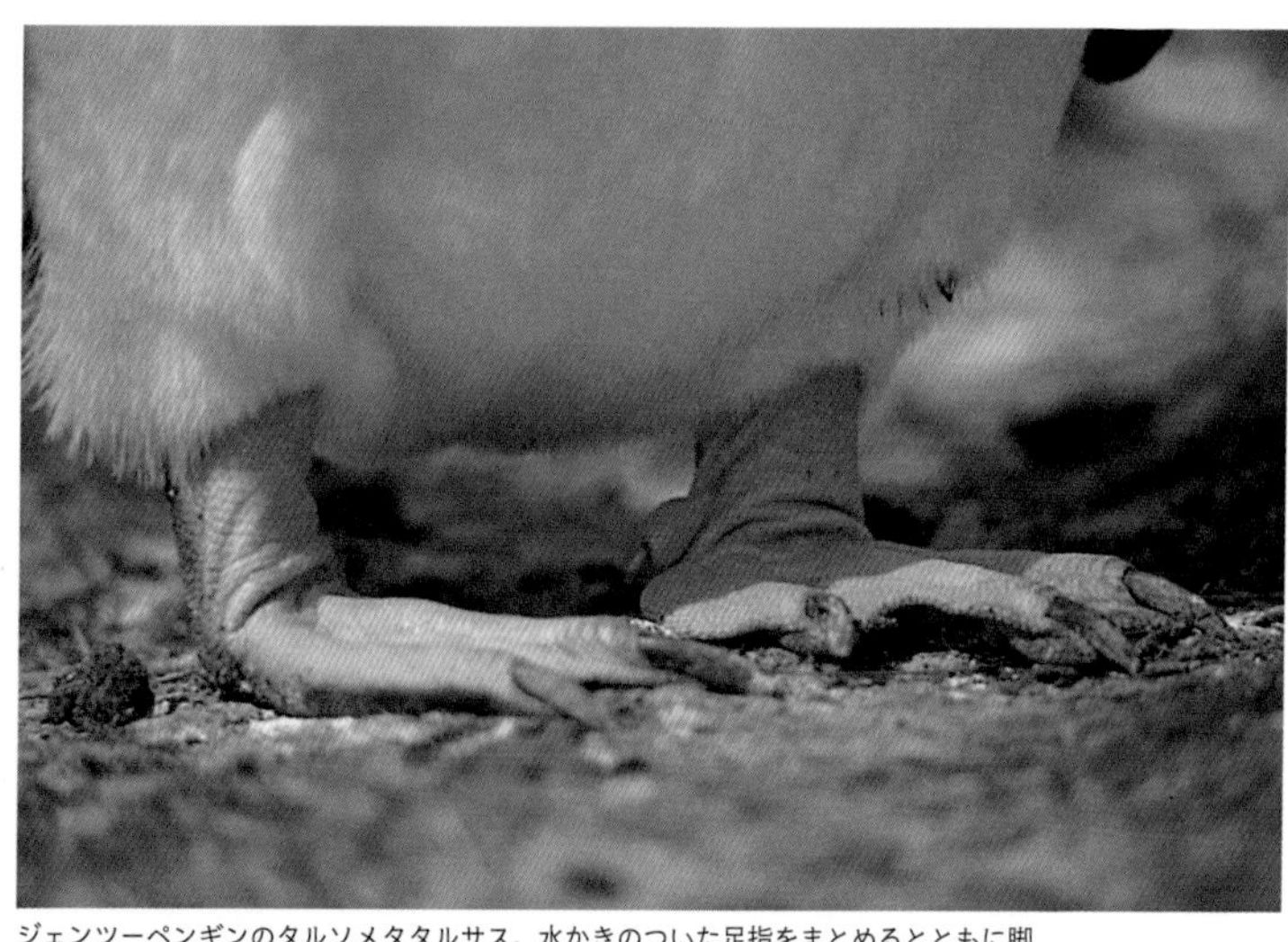

ジェンツーペンギンのタルソメタタルサス。水かきのついた足指をまとめるとともに脚をずんぐりさせている原因がこの骨だ（写真：Lloyd Spencer Davis）

鳥類には複雑な足の骨があって、タルソメタタルサス（跗蹠骨）という、名づけた解剖学者本人もはたしてきちんと発音できたかどうか定かでないような名称がついています。この骨は、人間でいう足首の骨（タルサル）と足の甲の骨（メタタルサル）が融合してできたものです。鳥類では、ペンギン以外のすべての種で、跗蹠骨は細く長い形をしています。ペンギンの跗蹠骨は太く短く、それがもとでペンギンは短足で、直立姿勢をし、独特のよちよち歩きをします。このような跗蹠骨はペンギン特有のものであり、骨の

アデリーペンギンの体重が5キロ以上もあるのはがっしりした骨のおかげだ
（写真：Lloyd Spencer Davis）

子育てするには上陸が必須：ゾウアザラシと折り合いをつけながらコロニーへと向かうマゼランペンギン。
フォークランド諸島のシーライオン島にて（写真：Lloyd Spencer Davis）

化石をペンギンのものだと確信を持って断定するために使うことができます。というか、それ以外の骨が化石として見つかることはほぼないというのが実情ですから、古生物学者にとっては非常に好都合なものです。

ペンギンの骨に起きた中で最も劇的な変化のひとつは、外見から認識できるものではありません。飛翔能力を持つ鳥類は、骨の中が空洞で（含気骨）、軽量になっています。けれども潜水採食型の鳥の場合、軽量であることは確実に不利になります。ペンギンの骨は非中空構造です。例えば、アデリーペンギンと、同じくらいの大きさの、ハシグロアビを比べてみると、ハシグロアビが体重二・五キロほどなのに対し、アデリーペンギンは五キロほどあります。この差の原因は、空気です。

海で生活するために求められる様々な条件により、ペンギンはある特定の様式に適合するものとなった一方、一見矛盾するようですが、陸上では、あらゆる面でまったく別の環境を利用できるようにもなりました。冷たい水中で長時間過ごすことを可能にする断熱材を備えることで、他の動物たちが足を踏み入れることすらためらう場所、すなわち、氷点下六〇℃以下にもなる真冬の南極に、ペンギンは前適応（生物が進化するとき、それまで他の機能を持っていた形質が転用された場合、その転用の過程や転用される前の機能を指す）していたわけです。他にもペルーやチリで、サボテンに覆われ、気温四〇℃を超すこともある砂漠を繁殖地とする種類のペンギンもいます。つまりペンギンは、地球上で唯一、一〇〇℃もの範囲を利用する鳥類なのです。海での暮らしが、種の異なるペンギンをみな似かよったものにした要因だとすれば、陸上での生活は、ペンギンの種ごとの特徴をもたらした要因なのです。

自然淘汰の力によって、ペンギンは可能な限り魚に近い形態へと再構築されました。とは言え、もとの姿を思わせる性質は隠しようがありません。ペンギンが真に魚になりきることなど、しょせん不可能なのです。なぜなら、ペンギンの卵は陸上で温める必要があり、繁殖期にはペンギンは陸上で過ごさなければならないからです。

収れん進化

ウミスズメは似て非なり

あなたがもしもハシブトウミガラス（*Uria lomvia*）のコロニーを見てペンギンと勘違いしても、無理はありません。ハシブトウミガラスはペンギンによく似ています。行動もペンギンそっくりです。が、似ていると言っても、どれもごく表面的な類似にすぎません。ウミガラスはウミスズメ科の鳥で、大型・小型のウミスズメ類と同じ科に属します。ペンギンと見かけ上似ていることは、南半球の海洋へと進出する旅の途中でペンギンに遭遇したヨーロッパの船員たちにも分かっていて、彼らはペンギンをオオウミガラス（*Pinguinus impennis*）にちなんで名づけました。オオウミガラスはウミスズメ科の飛べない鳥で、一八四四年六月四日に最後の二羽が叩き殺されて絶滅するまで「ペンギン」の愛称で知られていたのです。

ウミスズメ類はペンギンと近縁にあるわけではなく、カモメに似た鳥を祖先としています。そんな彼らが似て見えるのは、遺伝的な類似ではなく、生活様式が似ていたためにたどり着いた結果なのです。ペンギンが南半球のみに生息するのと同様に、ウミスズメ類は北半球でしか見られない鳥です。しかし、それぞれの分布域の中で見ると、どちらの鳥も生態学者の言うところの同一の生態的地位を占めている、ということになります。どちらもほぼ同様の環境で暮らし、同様の生活様式を持っている、ということです。自然淘汰とは、ある特定の生活様式に最も適した形態を生み出す傾向にありますから、よく似た生態的地位を占める二つの異なる動物種は、進化の長い時間が経つ間に同じ形態を示すようになると考えられます。これが「収れん進化」と呼ばれるプロセスです。収れん進化の

ウミスズメ類は北半球でペンギンと同じ生態的地位を占める
（写真：M・Massaro）

例は、有胎盤哺乳類が存在しなかったオーストラリアで進化した有袋類で見られます。有袋類でも、他の地域の有胎盤類と生活様式が似ていれば、その有胎盤類と似通った特徴を持っています。例えば、タスマニアのフクロオオカミは最近絶滅してしまいましたが、外見上はオオカミそっくりでした。

ペンギンもウミスズメも餌を求めて海に潜り、獲物にする対象も似ています。水中遊泳にまつわる物理的法則と様々な制約とを考慮すると、南半球で通用する体型は北半球でも有用であろうと推測するのは当然でしょう。でも南と北では相違点があり、北半球において海鳥が繁殖可能な地域は、どれも捕食者に対しむき出しの状態で、そのために、北の海鳥たちは飛翔能力を失うわけにはいきませんでした。潜水して餌を採る鳥では、体重一キロの境界点よりも大型になると飛翔能力を両立させることは難しいと考えられ、ウミスズメ類の大きさは制限されました（ハシブトウミガラスは現存するウミスズメ類で最大の種ですが、体重は〇・九五キロほどです）。過去には、もっと大型の、飛べないウミスズメが存在していました。オオウミガラスと、中新世にいたカリフォルニアのルーカスウミガラス（マンカラ属）がそれです。が、陸上での身のこなしに難があったツケが回り、どちらの種もはるか昔に絶滅してしまいました。

南極の嵐の最中も巣を離れないアデリーペンギン
（写真：Lloyd Spencer Davis）

チリの砂漠のへりに巣を構えるフンボルトペンギンは洞穴で直射日光を避ける
（写真：Lloyd Spencer Davis）

3・性生活

だけど　怒ってるようでも愛情があったりするし
ワシがハトと一緒に空を飛ぶことだってある
だから　もしも意中の彼女と一緒にいられないのなら
そばにいる娘を愛しなよ

「愛への讃歌」
クロスビー、スティルス、ナッシュ&ヤング

イチャつくシュレーターペンギン。
相互羽づくろいによってつがいの絆を強める
（写真：M Renner）

ペンギンは一雌一雄制の動物です。一羽のオスと一羽のメスがつがいとなり、力を合わせて子育てをする、という意味です。一雌一雄制と聞くと、結婚と似たようなものに感じられ、結婚というと人間と同じように思えますが、このような見方はペンギンにまつわる最大の誤解のひとつを招く要因となっています。雑誌の特集でも、生きもののドキュメンタリー番組でも、ペンギンについて取り上げたものをご覧いただくと、おそらくどれもこう言っているでしょう。「ペンギンのつがいは生涯、連れ添います」と。

つがい相手を探すスネアーズペンギン。どの子にしよう？（写真：Lloyd Spencer Davis）

本当のところ、破局だの、浮気だのといった修羅場は、ペンギンたちの間でも珍しくないのに、その現実から目を背け、人間の世界で理想とされるロマンチックな結婚観をペンギンに押しつけているかのようです。恋愛に関して言うと、ペンギンは実は、世界一と言ってもいいくらいの現実主義者です。もしペンギンに讃歌なるものが存在したならば、彼らはきっと「愛への讃歌」を選ぶことでしょう。

しかし、「死が二人を分かつまで」のシナリオが根強く繰り返される根底には科学的理論があります。ひねくれた見方と思われるかもしれませんが、原因は、ペンギンたち一羽一羽を見分けるのが非常に困難である、ということです。

コミックの世界では、ペンギンと言えば個性のなさ、均質性、同一性の象徴として描かれてきました。あるコミックでは、二羽のペンギンが言い争いをしているのを、見た目がそっくりなペンギンたちが大勢で取り囲んでいます。二羽のうちの片方が言います。「去年あなたとつがいだったのは私だったって、どうやったらわかるのよ?!」いかにもそれらしい作品です。でも冗談はさておき、このコミックで投げかけられた疑問は極めて現実的なものです。ペンギンたちは、どうやって一羽一羽を

交尾に際しての難問（イラスト：S・Wroot）

識別するのでしょう？　どうやってつがい相手を見分けるのでしょう？　そして、そもそもどうしてみんながみんな、そっくりな姿かたちをしているのでしょう？

ペンギンの集団はどれを見ても、すべての個体がクローン同士だろうかと思わずにいられないほどそっくりです。オスとメスを見分けるなど到底不可能です。誤解のないように言いますが、こうした画一的な外観は海鳥全般に共通する特徴です。カツオドリも、アホウドリも、カモメも、みんなそうでしょう？

人間は人間を基準にしてしまい、オスとメスくらいは見た目で区別できるはずだと考えてしまうようです。口ひげやバストや人間にある種々の性差は、性淘汰と呼ばれるプロセスのたまものです。しかし海鳥の場合、どこをどう見てもオスもメスもまったく同じで、学者の好む用語で言えば性的単型性を呈します。したがって、性淘汰というプロセスは、海鳥にとっては重要な影響を及ぼすものではなかったと推察されます。

ペンギン同士でも外見のみで性別を見分けるのは至難の業だ。写真はフォークランド諸島のキングペンギン（写真：A・Portnoy）

ガラパゴス諸島のアオアシカツオドリ。瞳孔の小さいほうがオス（写真：Lloyd Spencer Davis）

海鳥は一般に大きな卵を産み、抱卵に長期間を要します。ペンギンの卵でも、抱卵期間は一か月を超えます。抱卵する間、つがいの一方が常に巣にとどまって卵を温めたり、外敵から守ったりしなければなりません。巣、すなわち陸上にとどまるのですから、抱卵中の親鳥は何も食べられません。そしてひとたびヒナが孵れば、定期的に餌を運ばなければなりません。これらをすべて片方の親だけでこなすのは無理がありますから、子育てを成功させようと思うなら、親鳥はオスもメスも力を合わせてヒナの面倒を見ることが不可欠です。オス親のほうが、親としての任務を果たさずに別の繁殖機会を求めて去ってゆくことは、他の動物種ではよく見られますが（116頁「親から子への投資」参照）、ペンギンのオスがこれをやってしまったら、ヒナが育つ可能性はありません。上っ面だけ見れば、一雌一雄制を強いられているせいで、ペンギンはオスでも「数を撃つ」機会にはほとんどありつけないだろう、と思われるでしょう。オスの体内では、南極に棲むメスのペンギン全個体と二度ずつ交尾するのに十分なほどの数の精子が生成されているにもかかわらず、です。

映画スターばりのイケメンペンギンでも、そうでない個体でも、オスがつがいを形成する相手は一羽のメスのみと限定されていたならば、はっきりしたあごの輪郭や完璧な髪質に相当する部分が子に遺伝する確率は、ショボい見てくれが受け継がれる確率と大差ありません。オスの二次性徴確立に向けた淘汰は、そうした性質を持つオスが持たないオスに比べ、より多くの子孫を残すという結果につながらない限り、起こりません。

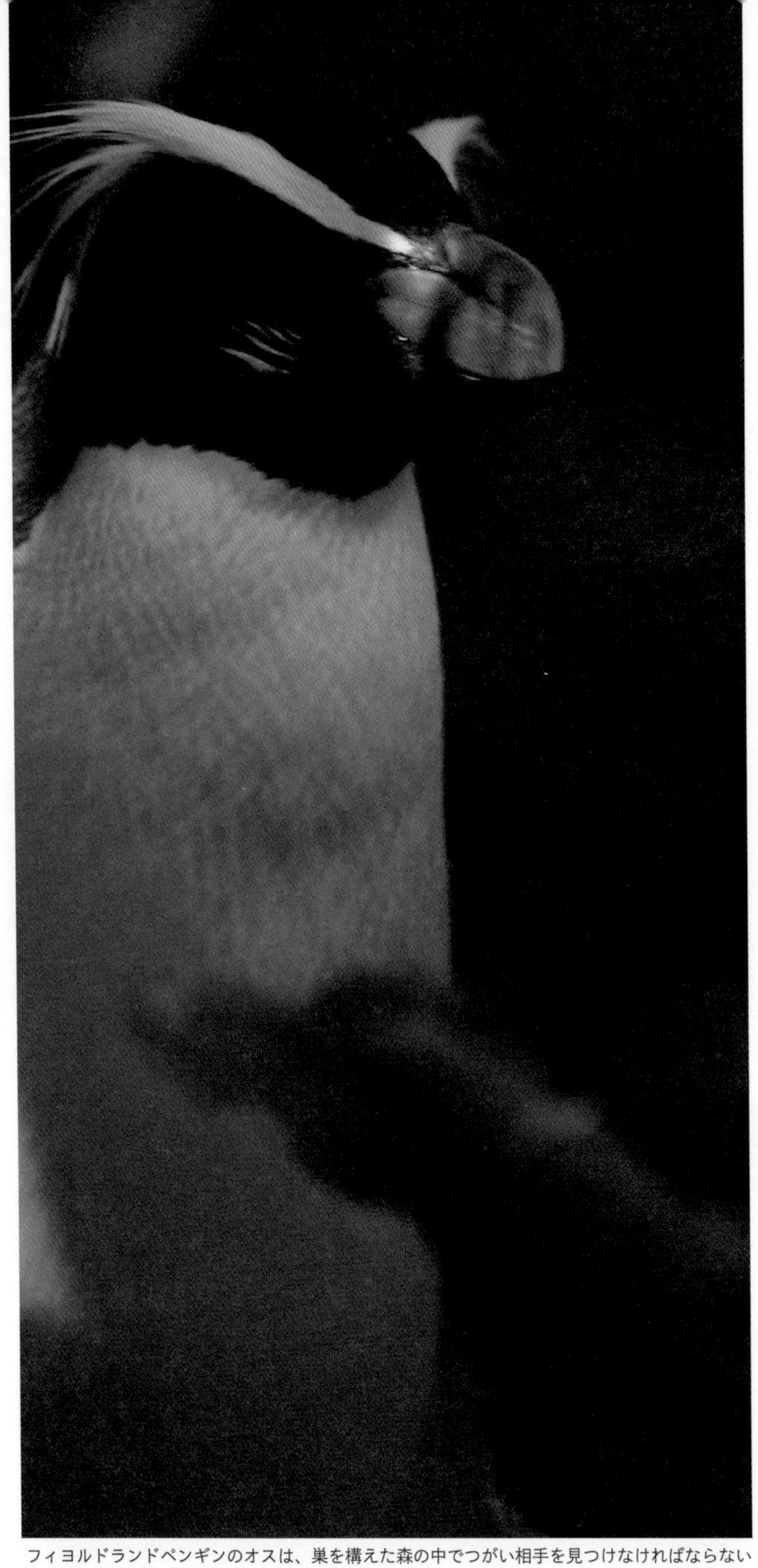

フィヨルドランドペンギンのオスは、巣を構えた森の中でつがい相手を見つけなければならない
(写真：Lloyd Spencer Davis)

このガラパゴスペンギンは波打ち際の溶岩にあいた穴を巣にしている（写真：M・Zysman）

性淘汰が働かない状況では、オスもメスも、外見上の差がないままとなる傾向があります。と、いうのが科学的説明として一般的なものです。しかしペンギンの場合、そう簡単に説明できるものでもありません。

セックスとは、誰しもが反応してしまうバイオリズムであるとするならば、我々はみな「我が道を行く」ものであると感じるときがあります。フィナーレに到達するまでには数々の困難を克服しなければならず、その点ではペンギンも例外ではありません。前戯の話をしているのではなく、一羽だけを相手にするか、あるいは二羽か、三羽か、という問題です。

ペンギンの場合、最初に決めなければならないのは、子育てをどこでするか、ということです。カツオドリのように飛翔能力のある海鳥であれば、捕食者も手を出せない聖域と言える断崖絶壁の上に巣を構えるという方法がありますが、ペンギンの場合、陸上では短い足で、よちよちと直立歩行することしかできませんから、選択肢は限られてしまいます。産卵と子育てをする場所は、海岸に近くなければなりません。実際、大半のペンギンは、海岸から唾を飛ばしても届くくらいのところで繁殖するのです。

この「唾を飛ばして届く範囲」[9]の法則からやや外れた存在であるのが、オークランド

(9) ペンギンが「唾を飛ばす」わけではもちろんありませんが、ペンギンには非常に大きな塩類腺(ペンギンの場合、頭部の両眼の上にある一対の器官で、体内に採り込んだ塩分を濾しとって排泄する)があり、口から入った海水から塩分を除去する働きをします。まるで風邪でも引いているみたいに、どろどろした塩水が鼻孔から垂れ流され、くちばしの先端に流れつきます。そして、たまった塩水は、そのまま流れ落ちるか、ペンギンが頭を左右に振ると、大量の唾のごとく前後左右に飛び散ります。

砂漠で暮らすフンボルトペンギン（写真：Lloyd Spencer Davis）

諸島に棲むキガシラペンギンです。森の中に巣を構えるために、内陸へ向かって長いものは二キロもの道のりを歩くのです。成木の根元におさまり、隣人もほとんどなく、海もまったく見えない棲みかなど、ペンギン不動産情報誌で目にする物件としては想像できませんよね。とにかく、ペンギンの巣作りにふさわしい場所というのはペンギンによって大きく異なり、特に緯度とともに変わります。羽毛というサバイバルスーツは、水中では体温が奪われるのを防ぐ働きをしますが、陸上ではしかるべきデメリットをもたらすおそれがあります。熱帯や温帯地域では特に顕著となる問題です。気温の高い地域では、巣の温度が上がりすぎないよう、直射日光の届かない場所に巣を作ることが重要です。ガラパゴスペンギンは赤道直下のガラパゴス諸島で、古い溶岩流にできた割れ目の中に安住の地を見つけ、巣を構えます。ペルーやチリに棲むフンボルトペンギンは、サボテンが点在する砂漠のへりで、洞窟の中や地面にあいた穴を巣にして暑さをしのぎます。このほか、ケープペンギン、マゼランペンギン、コガタペンギンも、地面の穴を巣にするのを基本としています。ニュージーランド南部のような温帯地域では、キガシラ

亜南極地域のアンティポディーズ諸島ではシュレーターペンギンが開けた土地に営巣する（写真：Lloyd Spencer Davis）

ペンギンとフィヨルドランドペンギンが森の中で、日差しや風雨を避けて巣を作ります。そして、さらに南にある亜南極や南極地域では、暑さの問題はありませんから、ペンギンは開けた場所で子育てします。

飛べない、ということは、巣を地べたに作らなければならない、ということであり、その制約のために、ペンギンが作る巣の種類は限られています。まず肝心なのが、卵が水に濡れないようにすることです。その点では、地面の穴や洞窟を巣にするペンギンが有利と言えます。地

亜南極地域の島々を繁殖地とするスネアーズペンギンは草木を巣材にする
（写真：Lloyd Spencer Davis）

面はすでに乾いているはずですし、ちょっと草でも敷けばあっという間に居心地よい巣の出来上がりです。温帯や亜南極地域では、草や他の植物が巣材として用いられます。一方、南極地域では、巣材にできる植物がありませんから、ペンギンたちは小石で巣を作るはめになり、巣作りに適した小石が引っ張りだこの人気商品となったりします。エンペラーペンギンについて言うと、陸上で繁殖することはありません。彼らの繁殖地はすべて凍てついた海氷（極域の海で、冬期に海面（海水）が凍ってできる氷のこと。陸上でできた氷が海に浮かんでできた氷山とは異なる。特に南極大陸周辺の海域では、冬期に広大な海氷ができパックアイスと呼ばれる）の上にあり、フリッパー（ペンギンの両翼のこと。翼がイルカのヒレ（フリッパー）に似た形をしているためそう呼ばれる）を伸ばしても草木はおろか、小石一個すら見つかるものではありません。この難関を乗り切るために、エンペラーペンギンは大きな卵を一個だけ産み、両足の上に乗せて抱卵するという方法を取ります。妙な話ですが、エンペラーペンギンの同属種であるキングペンギンは、小石も植物も売るほどある亜南極地域を繁殖地としていながら、エンペラーペンギンと同様、一個の卵を両足に乗

ジェンツーペンギンの巣材は、南極大陸では小石だが亜南極地域の島々では草だ（写真：Red）

せて抱卵します。この事実から、キングペンギンの祖先はかつて、エンペラーペンギンに似ていて、はるか昔に参加した進化パーティーのせいで系統発生上の二日酔いみたいになって、それがキングペンギンの抱卵方法として残っているのかもしれないと推察されます。

巣が地上にあるということは、寝床から落ちたとしても大事に至らないという利点があるものの、それなりの欠点もあります。ヒナも、親鳥も、外敵に襲われる可能性が高い、ということです。飛べない鳥の多くがそうであるように、ペンギンは、捕食者がほとんど、あるいはまったくいない地域においてのみ進化することができた、と言って間違いないでしょう。ホッキョクグマとペンギンとが共存できなかった背景には、そんなことになったらペンギンはただの「いいカモ」になってしまうから、ということがあります。ホッキョクグマでなかったとしても、オオカミか、クズリにやられておしまいでしょう。ペンギンの北半球での生態的同位種に当たるウミスズメ類が飛翔能力を失って

イワトビペンギンの卵を狙うミナミオオトウゾクカモメ（写真：Lloyd Spencer Davis）

いない理由は、飛ぶ力なしでは彼らは生きていくことができないからにほかなりません。

ペンギンは南半球で、ニュージーランドをはじめ、捕食者となる哺乳類が存在しなかった島国で進化しました。その後、捕食者となる哺乳類を、皮肉なことにまた別の哺乳類が、北半球から南半球へと持ち込み、それによって自然環境のバランスが崩れ、ペンギンの存続を危うくすることになりました。今や、亜南極地域の島々ではネコがペンギンにつきま

見渡すかぎりペンギン：マックォーリー島のキングペンギンコロニー
(写真：C・Bradshaw)

とい、オーストラリアではキツネがペンギンのコロニーを嗅ぎまわり、ニュージーランドではオコジョがペンギンのヒナを狙っています。

ペンギンにとって脅威となるのは四つ足動物だけではありません。他の海鳥、とりわけトウゾクカモメや、サヤハシチドリ、オオフルマカモメ、カモメなどは、ペンギンのコロニーを、容易に餌が調達できる場所として認識してしまっています（119頁「コロニー」参照）。こうした難敵からヒナや卵を守る最善の方法と言えるのが、集団で繁殖することです。鳥類でも「類は友を呼ぶ」のには理由があり、単にお互いのことが好きだからというわけではありません。コロニーというのは、要するに草食動物の群れと同じ働きをするもので、外敵に襲われるリスクを低減させることができます。

そのため、ひとつのコロニーで複数種のペンギンが一緒になって繁殖する例も見られます。アンティポディーズ諸島では、イワトビペンギンがシュレーターペンギンのコロニーの中で子育てしますし、南極半島沖にあるアードリー島では、ジェンツー、ヒゲ、そしてアデリーの三種が入り混じってコロニーを形成します。フォークランド諸島のイワトビペンギンなど、ズグロムナジロヒメウのコロニーの中に巣を構え、安全を確保するのです。

巣作りにふさわしい場所を見つけることは、ほんの入り口にすぎません。期待に胸をふくらませたペンギンが次になすべきは、つがい相手の目を引くことです。ペンギンのコロニーは、ほんの二〜三つがいだけのものから、何百、何千ものつがいが集まったものまで、実に様々です。後者のように大きなところなら相手はいくらでも見つかるとお思いかもしれませんが、現実は、そう簡単ではありません。

交尾競争（イラスト：S・Wroot）

pencer Davis)

多くの動物で見られることですが、オスがつがいになるメスを獲得するには、他のオスとの争いに勝つか、どうにかして自分の魅力をメスにアピールするかしなければなりません。ペンギンでは、これら両方が活用されることがわかっています。オス同士がメスをめぐって闘うわけではないものの（面白いことに、オスをめぐってメス同士がけんかすることはありますが、その話はまた後ほど）、巣の場所を奪い合うことで、結果的に同じ目標を達成することになります。つまり、よい場所を

地面の穴を巣にするマゼランペンギンのオスは、穴を確保するためにメスより早くコロニーに到着する（写真

確保すれば、メスを獲得する確率は高まる、というわけです。ですから、陣地をめぐりペンギンがけんかする光景は、珍しくも何ともありません。

ペンギンの場合、一年じゅう繁殖地にとどまって暮らす種は少数派です。渡りをするペンギン（ペンギンには一年中ずっと同じ繁殖地にいて生活する種と、繁殖期が終わると一定期間海に出て回遊する種がある。この場合は後者のこと）では通常、オスがメスよりも二～三日ほど早くコロニーに到着します。マゼランペンギンや、マカ

ひときわ目立つ：遺伝的に珍しい体色のアデリーペンギンが通常の体色をしたパートナーと営巣している（写真：Lloyd Spencer Davis）

ロニペンギン属のペンギンなどは、二〜三週間も前にオスが現れることもあります。ペンギン目線で言うと、好ましい不動産の条件は、一にも二にも立地です。捕食者による攻撃や風雨による被害を、どれだけうまく防ぐことができる場所に巣を構えるか、それによって、産まれる卵の行く末は大きく左右されます。立地条件のよい巣は非常に価値が高く、立派な不動産を所有するオスであれば、生涯独身で過ごす心配をする必要はまずありません。誰でもいいから億万長者にきいてごらんなさい。

鳴き声を交わすジェンツーペンギン。よい父親になれそうな声をしている？
（写真：M・Renner）

外見上はオスとメスの区別がつかないペンギンですが、厳密には、わずかながら性的二型性（有性生物における生殖器以外の性別による相違のこと。体の大きさや色彩上の違いなどがある）を呈しており、体格とくちばしの大きさは、メスに比べオスのほうがやや大きめです。留鳥（渡り（回遊）をせず、一年中同じ場所または地域で生活する鳥のこと。渡りをする種の中にも、個体によってはその場に留まるものもいる）として暮らすペンギンであれば、つがいはつがいのまま、一年じゅう一緒に過ごしますが、渡りをするペンギンの場合、繁殖期が来るたびに毎年、つがい相手を確保するためにオスが争うことになります。こうした種では性的二型性もより明白に表れています。不思議なことに、巣の場所をめぐって最も激しい争いを繰り広げる種は魚を餌とするものばかりで、獲物の魚をしっかりくわえておくためにくちばしの先端がかぎ状になっています。このかぎは武器としても有効であり、敵のオスの顔に切りつけたり、ペンギン研究者の腕に一瞬にして切り傷をつけたりできるものであると、多くの研究者が身をもって学んできました。

場所を確保したら、オスが次に取りかかるのは、せっせと巣を作り上げ、メスを求めてアピールすることです。新聞に恋人募集広告を載せるわけではありませんが、それに近いことをします。巣の上か近くで、オスが求愛のディスプレイをする、というのが一般的です。腕をばたつかせたり、鳴き声を張り上げたり、パブで騒ぎたてる酔っ払いのごとく振る舞うのです。この行動は社会的伝染を招くことが多く、コロニー内のオスたちの間で腕をばたつかせながら大声で歌うのが大流行となります。オスのこうした行動は、どのオスもそっくり同じに見える中、メスがどのようにしてつが

ペンギンの求愛期：有言実行（イラスト：S・Wroot）

い相手を見定めるのか、手がかりを与えてくれます。オスの鳴き声は一羽一羽で異なり、まるで指紋のように個体を識別できるだけでなく、メスにとっては、そのオスにまつわる重要な情報源となるのです。

メスの観点から見ると、成功する見込みの高いオスを選ぶことが肝要です。ペンギンで言うところの成功とは多くの場合、巣で卵を温め続けるのに必須である絶食期間を耐え忍ぶことができる、ということを意味します。つまりペンギンの場合、メスが異性としての魅力を感じる相手は、まるまる太ったオスなのです。

ペンギンのメスは、太い声で鳴くオスを好みます。身体の大きなオスは胸腔も大きいですから、結果的に声が太くなります。そして体格が大きければ、燃料タンクも大きいわけで、大きなオスを選ぶことで、巣に座り続けるパワーを少なからず確保できるはず、と考えるのは当然と言えるでしょう。つまり、メスにとって本当に必要なのは、大きく、かつ太ったオスです。オスがどのくらい太っているか、その鳴き声からメスが判断することは、少なくとも理論上は可能です。鳴き声は、鳴管と呼ばれる、人間の喉頭に相当する鳥類特有の器官を用いて発せられます。鳴管は上胸部にあり、上胸部と言えば脂肪を多く蓄積できる部位でもあります。鳴管を取り巻く脂肪の量が多ければ多いほど、鳴き声の聞こえ方も大きく変化し、高周波音が吸収され、鳴き声は単調に聞こえます。ペンギンのメスは、太く、単調な鳴き声を聞き分けることによって、理想のオスを見つけることができるのかもしれません。このようなシステムの利点は、ペンギンのオスは、パブで騒ぎたてる酔っ払いと違い、うそをついたり、ずるをしたりできない、ということです。鳴き声のありさまは真実の姿によって決まりますから、オスがどれだけ多くの

ケープペンギンのオスも白黒のエプロンを脱がせてしまえば、そこにあるのは原始的な衝動のみ（写真：E Oosthuizen）

資源を持ち合わせているか、あるいは身体各部位がどれだけ大きいか、ほらを吹くことはできません。

このような選り好みが繰り返された結果、オスはメスよりも大柄になりました。体格の性差は、オスが絶食しなければならない期間が最も長く、選り好みをすることでメスが最も恩恵を受ける種類のペンギンで、最も顕著に表れています。オスとメスは外見上は同じに見えますが、体格とくちばしの大きさに微妙な差があるということは、ペンギンといえど、性淘汰の影響と無縁ではない、という事実を私たちに気づかせてくれます。

これは一見したところ、オスのペンギンはＳＮＡＧ（新世代の繊細な男性）の原型のように映るのではないでしょうか。妻のために尽くし、片親相当分よりも多いくらいの家事をこなし（ペンギンの多くの種では、抱卵の大半をオス親が分担します）、子供を危険から守る、といった具合です。でも実のところ、彼らはＳＮＡＧの仮面をかぶったオオカミにすぎ

ランチで痛い目にあう：ヒョウアザラシとの一場面（写真：Lloyd Spencer Davis）

ません。白黒のエプロンを脱がせてしまえば、そこにあるのは、ベイトソンが研究したショウジョウバエが示したのと同じ（116頁「親から子への投資」参照）、原始的な衝動のみです。一雌一雄制とは、ハンドブレーキ程度の役割をしているだけで、ペンギンとして、地球上に存在するできるだけ多くのメスと交尾したいという欲求を、失わせるというよりは遅延させるくらいのものにすぎません。

オスのペンギンには、他の動物でもたいていそうですが、違いがわかる、ということがほぼありません。彼らの考えつく繁殖戦略と言えば、巣を構える場所を確保し、自身の求愛コールが届く範囲にいるメスであれば誰でもいいから交尾する、というやり方です。オスにとって大問題であるのは、どうにもメスの数が不足してしまい、求愛コールに応えてくれる相手を見つけられないオスが大勢いる、という点です。

これには、理由が二つあります。第一に、卵の段階ではオスとメスの数に差はないのですが、メスはオスに比べて短命なのです。繁殖を開始する年齢もメスのほうが早く、そうなると、子を持つ親であれば誰もがご承知でしょうが、その分、寿命が縮まるのは必至です。ヒナを危険から守るために身を粉にする必要があるだけでなく、ヒナに与える餌を採りに定期的に海へ出向かなければならず、外敵に襲われるリスクが高まるためです。南極地域で繁殖するペンギンは、ヒョウアザラシに食べられることがよくあり、海氷のふちで海へ入る、あるいは海から出るときには特に狙われやすくなります。この危険な境界線を、繁殖期のペンギンは、繁殖していないペンギンに比べ一シーズン中に

サウスジョージアのキングペンギンは、近縁種であるエンペラーペンギンとは違ってなわばりを持つ習性があり、それがつがいの再会を後押しする（写真：A・Basile）

最大四〇回も多く、行き来することになりますから、ヒョウアザラシのおやつになる確率もずっと高くなります。

メスの数がいつも不足してしまうもうひとつの理由は、ほぼすべてのオスが、メスよりも先にコロニーに現れる、ということです。町で行われる唯一の試合で少しでも勝率を上げようと思ったら、先に来ていなければ話になりません。メスのほうはというと、みんな一斉に到着するわけではなく、到着したときにフリーでいるオスなら誰から

再会を果たしたアデリーペンギンのつがい（写真：M・Renner）

でも求愛される可能性があります。これが、生物学者の言うところの「実効性比」であり、その集団における実際の性比と区別されています。実効性比とは、交尾の時点でメス一羽当たりに実質的に何羽のオスが交尾相手となり得るか、という比率を表すものです。

イカした女の子に向かって口笛を鳴らすのと同じことを、オスは動くものすべてに対して続けるわけですが、カップル成立のための最善策は、前年と同じパートナーとの再会を目指すことです。そのために、オスは前年に巣を構えたのと同じ場所に戻り、そこを待ち合わせ場所として使います。これが、オスが自分の巣の場所に執着する理由です。アデリーペンギンなど、前年とぴったり同じ場所で巣作りするオスが、多いときには九九パーセントも見られます。

でも、待ち合わせするには、タンゴを踊るときと同じで、二羽が協力する必要があります。では、メスにとってはどうなのでしょう？　なぜ、メスのほうも前年と同じ場所

南極大陸で真冬に繁殖期を迎えるエンペラーペンギンにつがい相手を待つ余裕はなく、離婚率はペンギンの中で最も高い（写真：J・Martin Will）

に戻って来るのでしょうか？　メスが新しいパートナーを探す際、よいオスであるかどうか判断するのに、オスがどのような場所を確保しているか、あるいは求愛コールの具合などをチェックできますが、これは科学的に万全なアプローチではありません。もっとずっと確実な方法は、昨年はこのオスと組んで成功したと、すでにわかっているのなら、同じオスとつがいになることです。

前年に子育てに成功したメスは、まさにその手を使います。前と同じオスに寄り添う姿は、前年に繁殖に失敗したメスとは対照的です。メスも前と同じ場所に戻って来れば、鳴き声に基づき前と同じオスを見つけ出し、再会することができます。再会したつがいは、まるで首に腕を回し愛撫するように、お互いにしきりに声をかけ合い、首を上下に振り合います。しかし、前年にヒナを無事に育てることができなかったつがいでは、あわれなオスはメスに離婚を言い渡される可能性が高いのです。生涯連れ添う話はどこへやら。種によっては、離婚率が五〇パーセントに達するペンギンもいます。人間の場合とそう変わらない確率です。エンペラーペンギンなど、巣を持つということをしないので、特定の待ち合わせ場所がないわけですが、そうなると離婚率も非常に高く、子育てに成功したつがいですら離婚してしまう例が後を絶ちません。

ペンギンの夫婦関係が長続きするかどうかに影響するもうひとつの要素は、繁殖に費やすことができる期間の長さです。この点は、高緯度で(すなわち南極点に近づくほど)、子育ての季節である夏が短い地域に暮らすペンギンでは特に重要です。過去の実績がどれだけよいオスであったとしても、メスはいつまでもオスを待ち続けるわけにはいきません。そこでメスは、そばにいるオスと結ばれることを選択します。アデリーペンギンのメスは、繁殖期の開始時にコロニーに到着すると、数分とはいかないまでも、数時間以内には交尾を成立させてしまいます。到着時に前年と同じオスが見当たらなければ、近くに居合わせたオスのどれかと交尾してしまうのです。そうすれば、実績はあるがのろのろしている前年のオスが、もしも遅れてやって来たら、メスは新しい彼を捨てて、元のさやに納まってしまえばよいのです。このような性的実用主義は、それ自体が問題のタネとなることがあります。もしも新しい彼の前年のパートナーであるメスが遅れてコロニーに現れ、彼を横取りされてしまったことを知れば、そのメスは新しい関係に異議を申し立てる可能性が高く、フリッパーで猛烈な連打を浴びせてライバルのメスを追い出してしまい、全工程を一からやり直しにしてしまいます。ペンギンのコロニーで繰り広げられる求愛行動は、椅子取りゲームそっくりとしか言いようがありません。

結論を言うと、ペンギンのコロニーではスワッピングが盛んに行われることが珍しく

森に住むフィヨルドランドペンギンはスワッピング常習者として名高い
（写真：Lloyd Spencer Davis）

「もしも意中の彼女と一緒にいられないのなら　そばにいる娘を愛しなよ」
（写真：Lloyd Spencer Davis）

ありません。ペンギンにとっての一雌一雄制とは、一羽の相手と生涯連れ添うという意味ではなく、ある時点においては一羽の相手とのみつがいを形成する、ということなのです。ただ、この表現も厳密に言うと正確ではありません。ペンギンの交尾行動を詳細に調査すると、正式なつがい相手を確保していながら近所のオスとささっと浮気するのを悪く思わないメスが数羽はいて、中にはメスのほうから関係を迫ったと言われても仕方ない事例もあります（123頁「ペンギン裏話」参照）。

悪ふざけにも見えるこうした行動には、潜在的な欠点があります。オスのペンギンが抱卵と育雛のためにつぎ込む労力は膨大なものです。もしもメスの生殖器内に複数のオスの精子が漂っていたとしたら、オスとしては、さんざん苦労して実は他人の子を育てていた、などというエネルギーの浪費を、確実に避ける方法などあるでしょうか？　ダーウィンには頭の痛い話でしょう。そこでオスは、そのような無駄骨を折る可能性を最小限に抑える行動に出ます（125頁「精子競争」参照）。

正式な夫婦関係に加え不倫も繰り返して、二週間かそこら過ごすと、メスは一腹（ペンギンの場合、メスが一度に産む卵の数のこと。キングペンギン属は一個、それ以外の種はふつう二個である）で二個の卵を、通常三日ほど間隔を空けて産みます（ただし、キングペンギンとエンペラーペンギンでは卵は一個だけです）。「愛への讃歌」の歌でクロスビー、スティルス、ナッシュ＆ヤングが言い忘れたことは、後になって、その愛の結晶という大きな課題に取り組まなければならなくなる、ということです。

性淘汰

バルジ(ふくらみ)の戦い：ゾウアザラシのオス (写真：Lloyd Spencer Davis)

私が一〇歳くらいのとき、『窓拭き職人の告白』という、いかがわしげな題名の、表紙に大きなおっぱいの写真が載った本を手に入れました。昨今の水準からすると、イギリス児童文学の『たのしい川べ』と同程度のいかがわしさだったわけですが、当時の私にとっては、禁断の行いという領域で誰もが欲しがるものとはこれか！と思ったほどのものでした。ですから、その本が母に見つかってしまったときの気まずさと言ったら、言葉では表せないほど。それでも機転を利かせることは忘れず、窓拭きに関する本を読んでいるんだと説明したものです。ベッドメイクを、必要性があってもなくても月に一回しかやっていなかった少年の言いぐさです。

私は母のことを、昨日生まれたわけではないけれど、あの最後の氷河期よりずっと前に生まれていたとでも思っていたようです。でも正直言って、当時の私は「セックス」と呼ばれるものの存在を知ってはいましたが、まさか私の両親がそれを実行しているとは夢にも思わず、ましてやそのおかげで私がこの世に生を受けたなど、まったくの論外でした。

セックスについて子供時代の私が覚えた困惑は、私だけに特有のものではありません。セックスと、それを行う理由については、多くの科学者や哲学者があれやこれやと思案をめぐらせてきており、チャールズ・ダーウィンもその一人でした。言っておきますが、ダーウィンは子供を一〇人ももうけた人です。ダーウィンの唱えた自然淘汰という概念は、しばしば「適者生存」という表現で語られていますが、進化の観点から見ると、重要なのは生存だけではなく、繁殖という行為も意義深いのだと、ダーウィンは気づいていました。セックスに実際にこぎつける確率を高めるような性質を持つ者は、それについて三流小説で読んでいるだけの者に比べ、より多くの子孫をもうけることになるので、そうした性質はその子孫に遺伝し、所属する集団の中でより明確に表れるようになる、ということです。

このプロセスをダーウィンは「性淘汰」と名づけ、その働きを二つの側面から確認しました。ひとつは、一方の性別の個体が持つ性質で、異性を獲得するための競争において有利となるもの。もうひとつは、一方の性別の個体が、異性について魅力的と感じる性質を選り好みすることです。例えば、オスのアカシカの角や、オスのゾウアザラシの大きな身体は、言うなれば、メスを奪い取ろうとするときに邪魔になるオスをいじめて追い出すために使われます。メスのほうはというと、関係を結ぶならどのオスがよいか見定めるのに、クジャクならオスの尾の「眼状紋」の数を、カエルならオスの鳴き声の太さを、参考にしたりします。これらすべてについて、自らの目で観察したダーウィンは、性差とはこうして現れるものなのだと気づいたのです。いわゆる性的二型性です。けれども、競争心が強いのはたいていオスで、選り好みするのはメスであるという理由は何であるか、ダーウィンには見当がつきませんでした。

親から子への投資

ショウジョウバエを使って、処女メスの一群を入れた牛乳ビンにオスの群れを入れて観察するという交尾実験が、集団遺伝学者の間では、長きにわたり流行となっていました。この実験をベイトソンというイギリスの学者が行ったとき、ダーウィンが性淘汰について記述してから一世紀ほども経っていました。その実験でベイトソンが見たのは、メスのほうはほぼすべての個体が子孫をもうけたのに対し、オスでは多くの個体が子孫をまったく作れず、ほんの二～三個体だけが驚異的な数の子孫を得た、ということでした。さらに、メス一個体当たりの子孫の数は、そのメスが交尾したオスの数によって変化することはありませんが、オスの場合は、交尾したメスの数が多ければ多いほど、そのオスと似た特徴を持った子バエの数も多くなりました。

ここでベイトソンの才能を感じさせる点は、高度な技術を用いた実験デザインではなく、彼の洞察力の鋭さです。ベイトソンは、オスとメスで見られる性行動の差は、メスの卵子とオスの精子の大きさに差があることですべて説明される、と推論しました。卵子は比較的大きく、生成にはそれなりの犠牲を伴います。胚が発育する際の栄養源となる栄養素をすべて含有するものですから。したがって、メスが生成できる卵子の数は限られています。ヒトで言えば、一人の女性が生涯に生成する生育可能な卵子の数は、多くても三〇〇～四〇〇個です。これに対し精子は非常に小さく、労せずして生成できるもので、オスはバケツ単位で生成します。まあ、そこまで言うと大げさですが、でもヒトの場合、一回の射精で放出される精子は三億～四億個もあり、それだけで米国の全女性を二回ずつ妊娠させることができるほどの数です。

要はそこです。精子を作るのはたやすく、卵子は資源を要する。オスにとっては、どこでも構わず「種まき」したとしても何も問題はなく、いくつかの種が、いや、数百万個だって、もしも不毛の地に着地したとしても、どうってことはありません。ところがメスにとっては、卵子の一個一個がもっとずっと貴重なものであり、一個たりとも無駄遣いするわけにはいきません。メスにとって、「理想のパートナー」探しに注力することはより重要なのです。でも、メスの苦労はそれだけではありません。

繁殖に対する投資量の差（精子と卵子）のために、メスよりもオスのほうが子育てを放棄しやすいと考えられます。人間でも、ベンチャー

子育て中のキガシラペンギン（写真：J・Darby）

ビジネスを始める二人がいて、一人は一ドル、もう一人は一〇〇万ドル投資するとします。ビジネスがもし失敗したら、より多くの損失を被るのはどちらでしょう？　繁殖も同じことです。オスは新たなパートナーを得ようと、ライバルのオスを倒して新たな出会いを求める余裕がありますが、メスのほうは、つぎ込んでしまった投資を台無しにするようなリスクを冒すわけにはいきません。つまりオスというのは生まれつき、競争好きな女たらしで、子育てにまつわる最も重要な責務はメスに押しつける、という生きものなのです。

コロニー

私がペンギンの研究を始めたきっかけは、ほんの偶然のことでした。当時、ウェッデルアザラシの調査のために南極へ行く許可を得ていたのに、土壇場になって研究対象の変更を余儀なくされ、その理由については説明が長すぎてしまいますのでここでは割愛しますが、アザラシの代わりに選んだのがアデリーペンギンだったのです。

バード岬のコロニー[10]では六〇、〇〇〇羽ものペンギンが繁殖しますが、そこに到着するや否や、私はペンギンにぞっこん惚れこんでしまいました。この初めての出会い以来、ずっと私の頭を悩ませている疑問があります。なぜ彼らは、分断された小型のサブコロニーを作って営巣するのでしょう？　海鳥のコロニーと言えば大規模なものがほとんどなのに。私の研究で明らかになった点のひとつに、サブコロニーの端っこに巣を作ったペンギンでは、コロニー中央に巣を持つペンギンに比べ、繁殖に成功する確率が半分しかない、というものがあります。端っこにある巣はトウゾクカモメに狙われやすく、卵やヒナを食べられてしまうからです。もしもペンギンが、カツオドリのように大きくてひとつにまとまったコロニーを作っていたならば、コロニーの端っこにいてトウゾクカモメに狙われや

(10)　以前は、ある地域において集団で繁殖するペンギンの一団をルッカリーと呼び、ルッカリーを形成する、より小さな集団をコロニーと呼ぶのが一般的でしたが、用語の使用方法を統一し、また、ペンギン以外の群生する海鳥に関する呼称に合わせるために、現在は、前者についてはコロニーと呼び、後者についてはサブコロニーと呼ぶようになりました。

すい卵やヒナの割合は、ずっと少なくて済んだことでしょう。

南極で営巣するペンギンの場合、また別の危険と対峙することになります。融雪水によって、巣が水没してしまうおそれがあるのです。したがって、尾根伝いなど、融雪水が押し寄せる危険がないと考えられる場所でしか営巣できないのだから、ひとつにまとまったコロニーを作ることはできない、と言われています。この説に一理あるのは間違いないものの、これがすべてというわけではありません。サブコロニーは現れたり、消えたり、拡大したり、縮小したりを繰り返しています。二つのサブコロニーが拡大してひとつに融合することも、二つを隔てていた土地がどこも繁殖に適してさえいれば、頻繁に起こります。だったらなぜ、最初からコロニーをひとつにして、危険な目に遭う巣の数を最小限に抑えようとしないのでしょう?

集団で繁殖する鳥でも空を飛べるのであれば、自分の巣がコロニー中央にあっても容易に着陸できます。これがペンギンではどうなるかと言うと、ずらりと並んだペンギンたちに左右からつつかれながら、外側から中央へ向けてコロニーを突っ切らなければなりません。それがあるから、コロニーの大きさが制限されるのだと考える人もいます。しかしこの主張は、尾根の頂上に巣を作るよりも理にかなっていません。というのも、ロイヤルペンギンとキングペンギンは、何百万とはいかないまでも数万羽単位で、大きなひとつのコロニーを形成することがあるのです。

これと正反対にあるのがキガシラペンギンです。巣を構えるのは森の中、隣の巣までの距離は数百メートルということも珍しくありません。その理由は、太陽を遮るのにちょうどよい茂みがなかなか見つからないからでしょうか？　それとも、従来は陸上に外敵が存在しなかったために、孤立して生活するほうが有利だったのでしょうか？　キガシラペンギンのつがいは一年中、一緒に暮らしていますから、コロニーで見られるようなパートナー獲得の手口なども必要ありませんし、お隣と距離があるということは、もしかするとオスはその分、メスを誰かに寝取られるリスクを低減できるのでしょうか？

アデリーペンギンのコロニーがなぜ、あのような小グループから成るものなのか、私はいまだに明確な答えを得られていません。ペンギンは群れでいたいように見えるときもあれば、孤独を好むときもあるようです。これほど非社交的に、群れで暮らすというのは、ペンギンをめぐるパラドックスの中でも最も深刻なもののひとつです。お互いを探し出すのにどんな苦労も惜しまないと思ったら、わがままな悪ガキみたいな振る舞いをしたりもするのです。

南極のロス島にあるクロージア岬のアデリーペンギンコロニー。複数のサブコロニーで構成されているのがわかる（写真：Lloyd Spencer Davis）

ペンギン裏話

知られざる暮らしぶり

動物界において、同性愛行動は珍しくありません。オスのペンギンは、求愛期の初めにはテストステロンのせいで気分が高揚していて、かすかにでもペンギンに似て見えるものであれば何にでも、マウンティングしようとします。彼らの手口と言えば「とにかく撃て、考えるのはそれからだ」という、クリント・イーストウッド映画に出てくるエキストラが見せるのと同じ方法です。その結果、オスがオスを相手に交尾するという現象が起きることがあります。チャンスが与えられれば、おもちゃのペンギンにさえマウンティングしようとします。別の飛べない鳥の例で、ニュージーランドのカカポという、この世にたった二〇〇羽弱ほどしか存在しない絶滅寸前のオウムがいますが、カカポのオスは研究者のシャツとも交尾しようとするのだそうです（そこまでするのになぜ絶滅寸前になったのか？　研究者も首をひねっています）。要するに、オスはいくらでも撃ちまくることができますから、テクニックなど未熟でも何でも構わないのです。オスのペンギンがどれだけ不器用か考慮すると（125頁「精子競争」参照）、ちょっとした練習でも、相手がオスであれ、おもちゃであれ、あなたのシャツであれ、腕を上げる役には立つことでしょう。

メスのほうはというと、オスの行動を支配するのは脳ではなく生殖器である、という事実を、メスにとって有利なように利用できることを、はるか昔から知っていたようです。アデリーペンギンの場合、巣作りには小石が欠かせません。巣に小石を敷きつめて、融雪水から巣を守るのです（119頁「コロニー」参照）。小石は不足することが多く、コロニーでは貨幣のような存在となり、

コソ泥の現場（写真：Lloyd Spencer Davis）

盗まれたり、小石をめぐって小競り合いが起きたりします。たいていのメスは、産卵を終えるとすぐ、パートナーのオスに抱卵を任せて海へと採餌に出かける前に、巣を補強するための小石を探しに出かけます。ときには、他の巣から小石を盗むこともあります。一部のメスなど、疑うことを知らないオスをセックスでそそのかし、オスが懸命に努力してかき集めた小石を横取りするという手法を身につけています。

そうしたメスは、つがいになっていないオスに歩み寄り、交尾したそうな姿勢を取ります。それを見せられたオスは期待で興奮の絶頂に達し、その気まんまんで巣を空けてメスのほうへ寄ってきます。するとメスはどうするかというと、巣の中で横になり交尾を完遂させるのではなく、貴重な貨幣をくすねて逃げてしまいます。

小石をひとつくわえて、そそくさと自分の巣へ逃げ帰るのです。こうした行動をメスが繰り返し行う様子もかなり頻繁に見られ、多ければ同じオスを相手に二〇回も続けるのですから、まるで、オスがどれだけだまされやすい動物であるか立証しようとしているかのようです。

このように狙われるオスはまだ独身ですから、だまされても自尊心と数個の小石を失うだけで、実害はないに等しいと言えるかもしれません。それに、そう頻繁ではありませんが、小石と引き換えに交尾を許すメスも実際にいるのです。

精子競争

ペンギンが魚そっくりの、おしゃれなドレスを着ているせいなのかわかりませんが、ペンギンのオスのテクニックはひどいものです。交尾するには、他の多くの鳥と同様に、オスはメスの背中に立ってから、メスの下半身へとずり動き、互いの交尾器(総排泄腔)を瞬間的に接触させる必要があります。ところが、ペンギンの短い足で、メスの背中でバランスを取るというのは、容易なことではありません。他の海鳥のように、両翼を拡げれば先端が地面に届き身体を支えられる、というわけにもいきません。ペンギンのずんぐりしたフリッパーでできることと言ったら、どうにかしてバランスを取ろうと死にもの狂いでばたつかせるくらいです。

そんなありさまですから、オスの多くは、核心に迫る前にメスの背から落ちてしまいます。

どうにかクライマックスにたどり着けたとしても、肝心なときにバランスを崩してしまい、精液をそこらじゅうにまき散らす、という失態もありがちです。メスも地べたも、ぐちょぐちょにして、メスの生殖器の中だけはきれいなまま。他にも、空包を撃つだけで無精子のオスもいます。

　変態かと思われそうですが、こうした一連の行為を観察することで稼ぎを得る人間というのが存在します。[11]数々の観察事例から判明したことは、オスが交尾を試みたうち、三分の一は未遂に終わり、三分の一は的を外し、的中するのもたった三分の一である、ということです。

　交尾にたどり着く前にオス同士が競争するようになるのは性淘汰のなせる技ですが、この性淘汰というプロセスが、その後、精子間の競争をも引き起こすことになるという事実については、研究者も最近になってようやく認識しはじめたところです。どういうことかというと、シカやヤギの角のように、オスがパートナーを獲得するのに有利となる特性が、淘汰によって確立されるのと同様に、メスが複数のオスと交尾した場合には、精子が卵子を受精させる確率を高めるような特性が強化されているということです。

　げっ歯類では、交尾栓というものでメスの生殖器をふさいでしまい、他のオスの精子が侵入

---

(11)　まあ存在と言っても、私を含め二人だけかもしれません。

できないようにする方法を取る種が多く見られます。また動物によっては、他のオスの精子を撃退してしまう、まさに殺し屋のような「キラー精子」を生成する種も存在します。精子競争には一般に二つの形式があり、適用される仕組みの違いによって、最後のオスの精子が優先される（何かの具合で、最後に交尾したオスの精子がそれ以前に交尾していたオスのものよりも受精にこぎつける確率が高まる）か、比例代表制（あるオスの精子のメスの生殖器内での比率が高まるように、何らかの方法が取られ、そのオスの精子が受精にこぎつける確率が高まる）となるか、いずれかに帰着します。

オスのペンギンにとっては危険な賭けです。メスと最後に交尾したオスは、子育てに多大な労力を費やさなければならないうえに、もしも自分のではなく他人の子孫のためにエネルギーを浪費してしまったりしたら、進化におけるそのオスの前途は暗たんたるものとなってしまうでしょう。ＤＮＡフィンガープリント法による父子鑑定を行うと、交尾相手の交換は比較的高頻度で起こるのに対し、オス親が他人の子を育てている例は、実際にはめったに見られない、ということがわかります。最後のオスの精子が優先される背景には、いまだ解明されていないメカニズムがあるかもしれませんが、比例の原則は一定の役割を担っています。メスに自分より先に別のパートナーがいた場合、オスは、別のパートナーがいなかったときに比べて交尾をより長期にわたり、繰り返し行って、自分の精子が受精される確率を高めようとします。アデリーペンギンのように交尾相手の交換が頻繁に起こる種では、交換などめったに起こらないシュレーターペンギンなどと比べて、交尾率が高くなります。一方で、ちょこっと浮気に走るオスは、本来のつがい相手と行う通常の交尾の場合と比べて、より多くの精子をメスの生殖器内に残すことになります。この、ほんのつかの間の情事がもたらし得る報酬は絶大なものです。情事の結果として卵子を受精させることができれば、その不貞のオスの子孫を、別のオスが代わりに育ててくれるわけですから。

戦争などやめて愛し合おう（Make love not war）って？　ペンギンにとっては愛し合うことが、すなわち戦争なのです。

風花の中、交尾するキングペンギン
（写真：R・Lindie）

4・愛の結晶

ジュリエット　僕と愛し合うとき君はよく泣いていたね
夜空に瞬く星のように僕を愛してると　死ぬまで愛してると言って
ふたりの居場所はどこかにあるって　映画の挿入歌にあったじゃないか
間違ってたのはタイミングなんだって　いつになったら君は気づくんだろう？

「ロミオとジュリエット」
ダイアー・ストレイツ

親鳥に餌をねだるヒゲペンギンのヒナ
（写真：A Basile）

食べ物を求めてうろつくオオトウゾクカモメ（写真：G・Court）

ペンギンにとっての最大の敵は、ペンギン自身です。私たちはよく、ペンギンすなわち犠牲者と見なしてしまいます。寒さの犠牲者。トウゾクカモメの犠牲者。ヒョウアザラシの犠牲者。そのように考えてしまうのは、そんな映像ばかり見せられているせいです。吹雪の中で身をかがめ、どうやったら生き延びられるか、ましてや家族を養うなど想像することすらできないような環境で、ヒナを育てるペンギン。ヒョウアザラシに食いちぎられるペンギン。トウゾクカモメに襲われるペンギンのヒナ。

ところが、悪天候が原因で命を落とすペンギンというのはさほど多くありません。ペンギンの羽毛の断熱効果は絶大で、起こり得るどんな最悪の気象条件下でも耐え抜いてしまいます。ペンギンがヒョウアザラシを恐れるのは本当でしょうが、一繁殖期中にアザラシの犠牲になるのは、成鳥のうち二パーセントにも満たないくらいの数です。トウゾクカモメやオオフルマカモメについては、ときに多数の卵やヒナが捕食されてしまうことがありますが、卵とヒナにとって最大のリスク要因というと、多くの場合、その親鳥なのです。

すべてはタイミングの問題です。センスのないお笑いと同じで、下手な子育てというのは、タイミングのまずさが招くものです。ペンギンのつがいでは多くの場合、子育ての成功と失敗とを分けるものは「時期が悪かっただけ」であったということが判明しています。鳥のくせに魚みたいな身なりをしているので、そのツケが回ってくるのです。

抱卵斑のむき出しの皮膚に卵を押し付けるように座り直すアデリーペンギン（写真：Lloyd Spencer Davis）

卵の中の胚が発育するためには、卵を温め続ける必要があります。孵化後もペンギンのヒナは、幼いうちは自分だけの力で体温を維持することができません。そうでなくても、卵や小さいヒナが親鳥のいない巣に取り残されていたら、すぐに外敵の餌食になってしまいます。したがって、どれだけの数の犠牲が出るかはともかく、悪天候や捕食者は常に脅威として存在します。オス親とメス親は、巣にとどまる期間と海で採餌する期間とを交代で過ごし、いつも必ずどちらか片方が巣に残り、卵やヒナを守るようにしなければなりません。そこに、タイミングの問題が生じます。

巣にとどまっているペンギンも、永遠にそこに座り続けることはできません。海に出かけたほうの親鳥は、それまでに消費したエネルギーを取り戻すために十分な時間をかけて採餌しつつ、巣に居残っているほうのつがい相手がエネルギーを使い果たしてしまわないうちに役割を交代できるように、巣に戻る時期を十分に見計らっておかなければなりません。タイミングを誤ると、巣を守っていた親鳥は待ちきれずに任務を放棄して海へ出かけてしまい、そのシーズンの子育てはそのメス親とオス親、両者にとって失敗ということになります。見捨てられた卵は、トウゾクカモメなどの捕食者の餌食となるか、さもなくば風雨に曝されたせいで死んでしまうからです。

海で採餌するペンギンがどれだけ長い間、巣から離れているかは、餌を求めてどれだけ遠くまで出かけなければならないかによって決まります。ここに、飛翔能力を放棄し

孵化し始めたヒナ（写真：Lloyd Spencer Davis）

たことの代償を最も顕著に見て取ることができます。飛べないペンギンは、ミズナギドリやアホウドリと違って、短期間に広範囲を移動することができません。ガラパゴス、ケープ、フンボルト、キガシラなどの沿岸で採餌する種のペンギンでは、海岸から二〜三キロ程度までしか出かけませんから、移動速度はさほど問題になりません。彼らの場合、一日〜二日以上長く海に出ていることなどめったにありません。しかし、他の多くの種ははるか外洋へと採餌に出かけ、特に抱卵期間中には、何百キロとは行かないまで

フンボルトペンギンは沿岸で採餌する（写真：C・Musat）

夕暮れ時、海から陸へと戻るフンボルトペンギン（写真：Lloyd Spencer Davis）

も数十キロも沖まで泳いで行ってしまいます。このような外洋性のペンギンの場合、ひとたび海へ出ると何週間も戻らないことがあります。すると、彼らが巣に戻って来るタイミングというのが極めて重要になります。遅すぎれば、つがい相手に卵を見捨てられてしまいます。結果的に、繁殖放棄は沿岸性の種に比べて外洋性の種でずっと頻繁に起こります（ただし沿岸性のペンギンでも、つがい相手が通常よりだいぶ長いこと帰ってこなければ、繁殖放棄してしまいます）。

けれども、タイミングの問題はそれだけでは終わりません。海で採餌する期間が長すぎると抱卵放棄、すなわち卵の死を招く一方、もっと遅い時期であれば、ヒナが餓死することになります。ペンギンであればどの種でも、ひとたび卵が孵化すれば、ヒナにはただちに、かつ頻繁に餌を与えなければなりません。つまり外洋性のペンギンにとっては、短めの採餌旅行に切り替え、孵化の頃に親鳥が海から帰っているようにする必要があります。そうでないと、卵を抱いているほうの親鳥が海から戻ってすでに一日より長く経過してしまっていたら、その親の胃の中には、吐き戻してヒナに与えることができる未消化の食べ物など、何も残っていません。ヒナのお腹の中には卵の卵黄嚢の残骸があり、そのおかげで初めて餌を口にするのが多少遅れてもある程度、生き長らえることはできます（157頁「パパが作るミルク」参照）。しかし、この保険も有効期間は一日か、せいぜい二日間くらいで、多くのヒナは、一度も餌をもらえなかったことが原因で、孵化後一週間以内に命を落とすことになります。海で採餌していた親鳥の帰りが間に合わないのです。

帰りの遅れた親鳥もほとんどの場合、最終的には空っぽになった巣に戻ってきます。親鳥が死んでしまったわけではなく、タイミングを誤っただけ、ということの証明です。ああロミオ、[12] いつになったらあなたは気づくのでしょう？

(12) アデリーペンギンのつがいでは、間に合わないのはほとんどの場合、オス親のほうです。しかし、こうした傾向は種によって異なり、孵化の直前にどちらの親が海へ出かけているかによって決まります。

実際のところ、多くのペンギンは気づいています。抱卵放棄や飢餓のために命を落とす卵やヒナがかなりの数になるのも事実ですが、大半のつがいは、どうにかしてタイミングをうまく合わせています。ペンギンは体内時計なるものを持っているらしく、ロレックスというよりタイメックスに近いかもしれませんが、それでも正確さは十分で、その時計のおかげで、巣にいつ戻ればよいか判断できるようです（159頁「体内時計」参照）。

ヒナの孵化はある意味、親鳥たちにとって、本当の仕事はこれからだと知らせる合図となっています。親鳥の仕事とは、いつもお腹を空かせてピーピーと鳴き続けるヒナの口に、食べ物をできるだけ迅速に、海から運んでくることです。ペンギンが空を飛べないという事実は、この餌運びの任務を非常に困難なものとしています。そのため、ペンギンが繁殖に成功できるのは、繁殖期の一部だけでも、餌となる生物が沿岸付近に高濃度で存在する期間がある地域に限られます。繁殖期のタイミングは、ヒナへの給餌が必

親鳥と変わらない大きさに育ってなおも腹ペコの2羽のヒナに給餌するコガタペンギンの親鳥（写真：M・Renner）

要となる時期が、餌の濃度が最大となる時期と重なるように合わせられています。

もちろん、飛翔能力を手放すことにも、進化上なにがしかの利点があったはずで、さもなければ、そんなことが実現したりはしなかったでしょう。利点とはペンギンの場合、より深く、より長時間潜水できることであり、それによってアホウドリやミズナギドリであれば夢の中でしかお目にかかれないような高濃度の餌場を利用できるようになりました。例えば、熱帯や温帯地域であれば、カタク

ロレックスというよりタイメックスかも？
（イラスト：S・Wroot）

チイワシやスプラットのような小魚が巨大な群れを成していますし、亜南極地域であれば、魚に加えて、動物プランクトンに分類されるイカやオキアミの大群に出会えます。南極地域のペンギンでは、オキアミが餌の大半を占めています。

ペンギンに食われる生物たちが、ペンギンからの追跡を逃れるには、海のずっと深くまで潜る必要があります。コガタペンギンは例外ですが、他のペンギンはどの種も、水深一〇〇メートルを優に超えて潜水することができます。潜水深度と潜水時間の長さは身体の大きさにより異なりますから（要するに、どれだけ長く息を止めていられるかは体内の酸素貯蔵量によって決まり、酸素貯蔵量は身体の体積とともに増減します）、この分野においてはエンペラーペンギンが圧倒的に有利です。事実、エンペラーペンギンの潜水記録は深度五〇〇メートルを上回るほどです。

ただし、ペンギンは視覚により採餌を行う動物です。つまり、餌となる生物を目で見て見つけ出します。ペンギンが深く潜水すればするほど、視界は暗くなります。イカでも生物発光するものであれば捕獲しやすいかもしれませんが、ペンギンにとっては運のよいことに、多くのイカやオキアミは一日の間に垂直移動を行い、辺りが暗くなるにつれて海表面近くまで上がってきます。ペンギンは、一〇〇メートルを超す深さまで潜っても餌を採ることができますが、実際の採餌のほとんどはもっとずっと浅いところで行われます。それでも、飛翔能力を持つ鳥には決して真似できない離れ業です。

白夜は、このジェンツーペンギンのように南極で暮らす個体たちにとって24時間態勢で採餌するチャンスだ（写真：A・Basile）

餌となる生物がヒナへの給餌に十分に足りるほど見つかる時期というのは、一般に、一年のうちある特定の期間に限られており、その期間の長さは緯度によって異なります。つまり、南極点に近づけば近づくほど、ペンギンが繁殖期として利用できる期間は制限されます。南極地域では、繁殖期は短めですが、プランクトンの大規模な大量発生が起きることと、白夜で一日じゅう太陽が沈まないことから、親鳥たちは二四時間態勢で採餌することができます。

親鳥がどれだけ多くの餌をヒナに運ぶことができるかは、採餌のためにどれだけ遠くまで泳いで行かなければならないかで決まります。海岸付近で採餌し、そこに確実な餌資源が存在するのであれば（キガシラ、ケープ、ガラパゴス、フンボルトなど）、ペンギンは通常、二羽のヒナを育てることができます。より遠く、外洋へ出かけるペンギン（マゼラン、アデリー、ヒゲなど）の場合、二羽のヒナを育てるのに足りる量の餌を持ち帰れるかどうかは、その年に餌資源がどれだけ豊富にあり、どれだけ見つけやすいかによって異なります。マカロニペンギン属などはさらに遠くへと出かけてしまうので、一腹卵数はどの種も二個ではあるものの、

親鳥が給餌できるヒナの数は、餌を探してどれだけ遠くまで行く必要があるかによって異なる（イラスト：S・Wroot）

ヒナは一羽だけしか育てることができません（164頁「掟破り」参照）。エンペラーペンギンとキングペンギンの場合、大きなヒナ二羽分の餌を運んでくるのはとうてい不可能ですから、試みようともせず、卵は一個だけ産みます。たとえ一羽のヒナだけでも、限られた繁殖期の間に十分に餌を与え、まっとうな大きさに育て上げるのは、エンペラーペンギンとキングペンギンにとって容易なことではありません。それをどうにか達成するために、エンペラーペンギンは冬の間に繁殖期に入り、ヒナを大きく育てるために夏の期間全部を使うことができるようにしています。キングペンギンのやり方はちょっと違っていて、一年以上かけて繁殖を行います。キングペンギンのヒナは育つのに一四か月ほどもかかり、親鳥は三年間に二回ずつの頻度でしか子育てをできません。その過程において親鳥たちは、子どもを無事に育てることと育児放棄との間の境界線を新たな限界まで押し進めるのです（167頁「独りぼっちでお留守番」参照）。

当然のことですが、ヒナのために海から持ち帰るべき餌の量は、ヒナが成長するにつれて増加します。そしてあるとき、片親だけが海へ出かけて餌を採ってもヒナには足りなくなり、両親とも同時に出かけて餌を探さなくてはならなくなります。そうなると、ヒナは誰にも守られず、巣に取り残されてしまいます。でも親鳥たちも、そのようなことを軽い気持ちでするわけではありません。片親がヒナにつき添う警護期をできるだけ長く続けますが、警護期の長さは、ヒナがどれだけ餌を欲しがるか、餌場がどれだけ遠くにあるか、そして餌がどれだけ豊富にあるかという、三つの要素の組み合わせの状況次第で増減します。ヒナが比較的幼いうちに両親ともに海へ出てしまうのは、二羽のヒナに給餌しなければならないとき（ヒナを一羽だけ育てている親鳥と比較して）、餌を求めて外洋のより遠くまで行かなければならない地域で繁殖しているとき、そして、餌資源が不足気味の年です。

ヒナだけが巣に取り残されるようになるポスト警護期は、ほとんどの種で、ヒナが二週齢から四週齢の間に当たります。その頃になると、ヒナは体温を自ら制御できるよう

になり、両親の鳴き声を聞き分けることも、自分の巣の場所を認識することもできます。ヒナたちだけで留守番を乗り切り、親鳥と再会することを可能にするために欠かせない能力です。成鳥と同じように、ヒナは巣の場所を再会の場の中心として使い、親鳥とヒナは鳴き声を頼りにお互いを認識します。しかしながら、開けた場所で繁殖するペンギン（南極および亜南極地域のペンギン）では、ポスト警護期とは、外敵と荒れた天候に対しヒナを無防備にしてしまうおそれがある時期です。このような種のペンギンのヒ

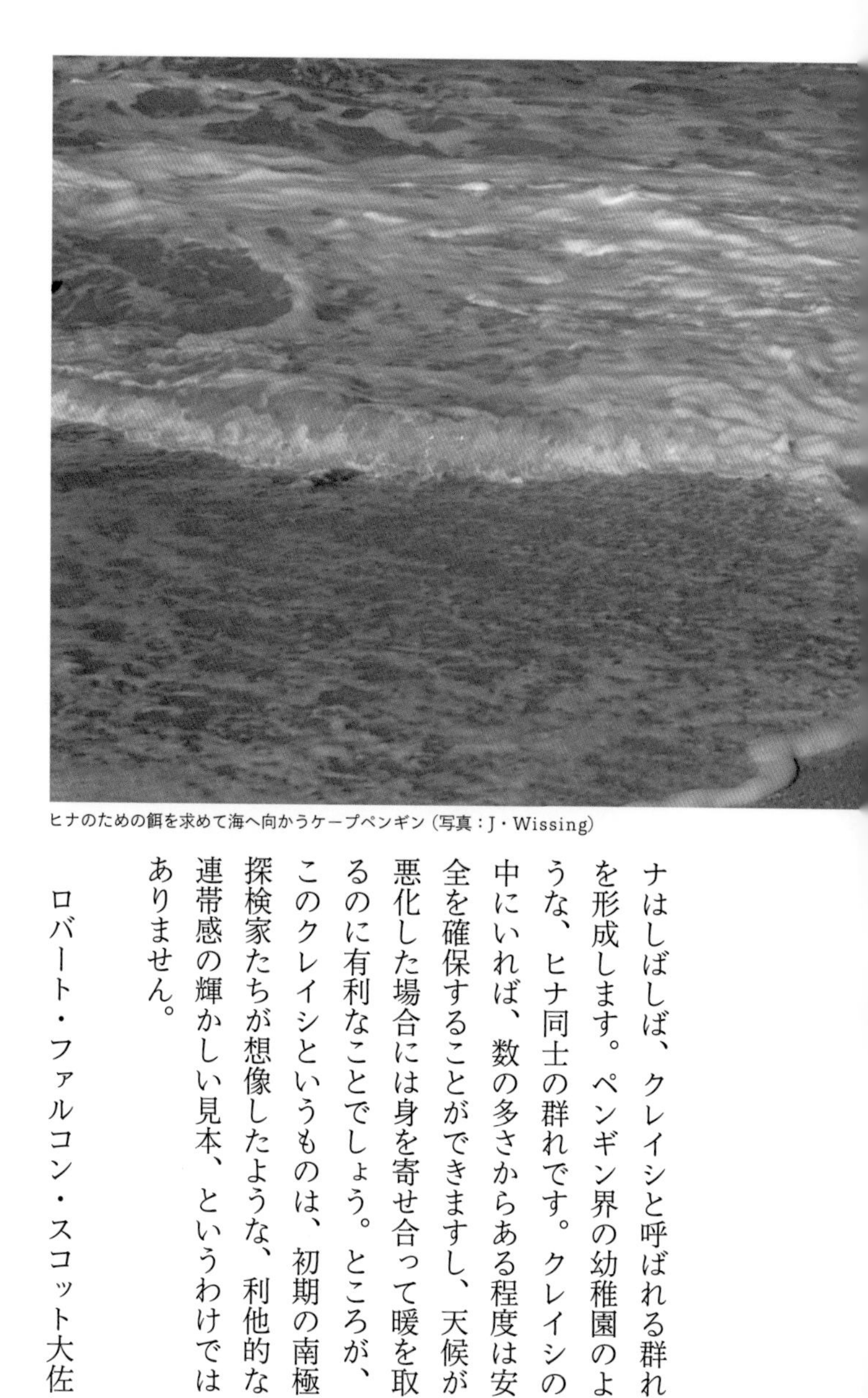

ヒナのための餌を求めて海へ向かうケープペンギン（写真：J・Wissing）

ナはしばしば、クレイシと呼ばれる群れを形成します。ペンギン界の幼稚園のような、ヒナ同士の群れです。クレイシの中にいれば、数の多さからある程度は安全を確保することができますし、天候が悪化した場合には身を寄せ合って暖を取るのに有利なことでしょう。ところが、このクレイシというものは、初期の南極探検家たちが想像したような、利他的な連帯感の輝かしい見本、というわけではありません。

ロバート・ファルコン・スコット大佐

による一九一〇年の南極探検に同行した生物学者レビックは、多くのヒナがクレイシという集団でいっしょくたになると、成鳥たちは、そのヒナ集団全体の面倒を見ることに対し連帯責任を負うのであろうと推測しました。人間の心を揺さぶるタイプの考え方ですが、自然淘汰というものはむしろ、利己主義者に報酬を与えがちなものです。血のつながりのないヒナを育てるのに多くの資源を浪費してしまった親鳥は、自分自身のヒナだけを育てるのに力を尽くした親鳥に比べ、より少ない数の子孫しか残せません。利己的な行動をつかさどる遺伝子は、利他的な行動をもたらす可能性のある遺伝子よりも繁栄するものなのです。親鳥とヒナの両方に個体識別のバンドをつけて行った調査の結果、ヒナがクレイシに合流した後でも、ヒナが餌をもらえ

エンペラーペンギンのヒナのクレイシ（写真：V・Seliverstov）

クレイシで身を寄せ合うアデリーペンギンのヒナ
（写真：Lloyd Spencer Davis）

るのは、その親鳥からのみであるということがわかりました（169頁「クレイシと呼び出し給餌」参照）。成鳥たちはよくクレイシ周辺に立ち、トウゾクカモメなどの外敵を追い払ったりする（よって、周辺のヒナに受動的な保護を与えている）こともありますが、成鳥の活動範囲外で外敵がヒナを襲ったとしても、それを阻止しようとすることはまずありません。ヒナが自立して過ごせるようになると、そこに拡がる世界は非情なものとなり得るのです。

ヒナが成長するにつれて、やがて自分で海へ出かけて餌を採ることができるように、羽毛のサバイバルスーツに衣替えしなければなりません。ヒナの身体を覆う綿羽は、その下に生えてくる羽毛と次第に入れ替わってゆきます。頭のてっぺんの綿羽は最後まで残ることが多く、初めて海で泳ぐのを待ちかねてビーチに集まったヒナたちの姿は、「散髪に行け！」という校長先生の命に反発する若者たちそっくりです。ヒナにとっては、繁殖期が終わりに近づき天候が荒れるようになる前に十分な成長を遂げ、綿羽から羽毛に生え換わるのを完了するという、時間との戦いです。ヒナが初めて親鳥なしで巣に取り残される日齢と同様に、ヒナが初めて海へ出かける準備が整う日齢は、親鳥が給餌しなければならないヒナの数と、餌を求めて出かけなければならない距離と、採餌場にある餌の豊富さとによって決まります。親鳥が二羽のヒナを育てていたり、採餌のために遠くまで泳いで行かなければならなかったり、餌不足の年だったりすると、ヒナは巣立ちまでにより多くの日数を要します。でもそうは言っても、延々と時間をかけるわけにはいかないもので、長くかかりすぎればやがて時間切れとなります。ああロミオ、いつ

クレイシのヒナが餌をもらえるのは実の親鳥からだけだ（写真：Lloyd Spencer Davis）

になったらあなたは気づくのでしょう？

海に飛び込むために必要な勇気を蓄えようとしているかのように、ヒナたちは水際に集まります。フライングを一～二度してみたりしながら、初めて水に濡れる感触を覚えると、また岸へ戻ろうとあたふたしながら、ガーガーと鳴き声を上げます。そしてついに、互いに声をかけ合う中、ひとつのグループが海に入っていきます。未知の世界へと足を踏み入れる、鳥から魚へと変身する瞬間です。その現実を、ヒナも初めはなかなか受け入

クレイシの周りにはしばしば成鳥がいて、状況によっては外敵を追い払ってくれる
（写真：Lloyd Spencer Davis）

れることができないようで、頭を水面の上に出したままで進もうとします。それでも、潜水能力があるのだと気づくまでにそう長くはかかりません。ヒナたちはすでにスイマーであり、ダイバーなのです。

ペンギンにとっての悲劇は、その巨匠レベルの潜水能力には犠牲がつきものであるということです。ペンギンを犠牲者と呼ぶのであれば、加害者はペンギン自身であると言えます。文字どおり、自らのフリッパーが犠牲をもたらすのです。

アデリーペンギンのヒナ。散髪に行かなきゃ（写真：H・Brindley）

ヒナに給餌する親鳥（写真：Lloyd Spencer Davis）

巣立ちを迎えたヒナたちが水際に集合（写真：Lloyd Spencer Davis）

飛翔能力を失ったことによって、ペンギンは様々な危険に曝されることになりました。

パパが作るミルク

エンペラーペンギンは、最も極端な形式で子育てをする鳥です。第一に、繁殖期が南極の真冬に当たり、暗闇の中、気温マイナス六〇℃を下回る日や、時速二〇〇キロ超もの暴風が吹きすさぶ日もあるという苛酷な時期です。それだけでは大したことないとおっしゃるなら、オス親はそんな環境下で三か月間も絶食しなければならない、というのはいかがでしょうか。

エンペラーペンギンはまず、繁殖「地」を目指して、凍てついた海氷を徒歩で横断しなければなりません。繁殖地と言っても地面ではなく、氷の上にあり、たいてい切り立った崖に囲われているとはいえ、真鍮製の置物のゾウのペニスすら使い物にならなくなるほど極寒の風を、ほんの少し防いでくれるだけです。そして、約一か月にわたる求愛期間の後、メスは卵を一個産み、待ち構えているオスの両足へと引き渡します。そのあとメスは、よちよちと海氷の上を歩き、抱卵期間のすべてをつがい相手のオスに託して海へと旅立ってしまいます。その間、なんと二か月！求愛期間中も餌を食べられないのと合わせると、エンペラーペンギンのオス親は最長三か月半も絶食を強いられることになります。たいそうなダイエットではありませんか。

この絶食期間中、オスは体重の三分の一を失うことになり、ヒナが無事に孵化すれば、そのヒナにとってはメス親が、ちょうど孵化のタイミングに合わせて海から帰ってくるかどうかに運命を左右されると考えられます。実際そのとおりで、メス親が海からの帰り道にどこかでぐずぐずしていたら、ヒナは餓死してしまいます。でも、エンペラーペンギンのヒナには餓死を免れるための保険とも言える、他のどの種のペン

イクメン大賞はエンペラーペンギン（写真：Lloyd Spencer Davis）

ギンも持っていないものがあって、しかもそれは思いもよらないところから与えられます。

食べ物を最後に口にして以来三か月ほども経ち、魚の味もイカの食感も遠い記憶でしかないはずであるにもかかわらず、エンペラーペンギンのオス親は、自らの体内組織を分解して一種のミルクを作り出し、孵化したてのヒナに餌として与えるという能力を持っているのです。オス親がすでに、体内に貯蔵していたエネルギーを生命維持が危ういレベルに達するほど消費してしまっているであろうことを考えると、作り出せるミルクの量は知れたものでしょうが、それでもヒナにとっては生死を分け得る存在です。だから、「イクメン大賞」の選考では私は毎年必ず、エンペラーペンギンのオス親に一票を投じます。

体内時計

我が家には犬がいます。黒のラブラドール・レトリバーのメスで、名前をテスと言います。テスはしばらく前まで、私のベッドの足元の床に敷いた羊皮の上で寝ていましたが、今では別の部屋で寝るようになりました。そうなった理由をお話ししましょう。

私の妻は看護師で、彼女が「早番」のときは目覚ましを朝六時にセットしなければなりません。ところがテスは毎朝、六時五分前くらいにベッドに飛び乗って、私を起こすのです。ラブ飼育経験者ならご存知でしょうが、食べ物のためなら何でもするという犬で、テスの朝ごはんに毎朝、犬用ビスケットをあげていたのは私ですから、私が目を覚ますのをテスがなぜそれほど待ちかねていたのか、容易に察しがつきます。実際のところ、目覚ましが鳴ってから私を起こしていたのであれば、何も驚くようなことはありませんでした。パブロフの犬で有名な条件反射と同じですから。ベルが鳴り、犬が唾液を分泌し、褒美を与えられるという、あれです。

テスが私を起こすように条件づけられたのは、ビスケットという褒美があったためであることは間違いありませんが、何が特別だったかというと、テスは目覚ましの鳴る時刻を予知できていたわけで、ということは、テスは独自の体内時計を持っていたに違いないのです。動物の行動は、それがいつ行われるかによって、どのような結末を招くか大きく変わってくるものなので、動物は体内時計を備えています。もしもテスがベッドに飛び乗るのが正午であったなら、ビスケットに関してはテスにとって何の成果もなかったでしょうし、もしも真夜中であったなら、何らかの効果はあったはずですが、彼女の望むものではなかったでしょう。

家路を急ぐアデリーペンギン（写真：Lloyd Spencer Davis）

とにかく、テスの例では、どちらにせよ私はもう起きようというところでした。睡眠時間を五分だけ削られ、顔じゅう犬のよだれだらけになりはしましたが、それだけでテスを寝室から永遠に追い出す必要があったでしょうか？　まあ、そうとも言えますが、でも何がまずかったかというと、テスが毎朝毎朝、目覚ましが必要ない朝にまで、五時五五分にベッドに飛び乗るのをやめなかったのです。妻の出勤パターンはたいてい、五日間勤務すると休みが何日か、日数は不定ですが続くという形でした。テスが私たちの寝室を使い続けられる可能性を少しでも見出そうというならば、最初に目覚ましが鳴った日から五日間を数え、そこから次のサイクルが始まる朝までベッドに飛び乗るのをやめる、という芸当をやってのける必要がありました。これほどの休止期間を計るタイマーというのは彼女も持ち合わせていなかったか、どのみちビスケットはもらえるはずだというわずかな望みに賭けて私を起こすことにしたのか、どちらかなのでしょう。しかしペンギンの場合は、ちょうどそんな感じの休止期間タイマーを所持していて、おかげで抱卵期間がどのくらい必要か計ることができるのです。

そのことがなぜ、ペンギンにとって重要と言えるのでしょうか？　抱卵期間中の親鳥は何日も、ときには何週間も海へ出かけることができますが、ひとたびヒナが孵化してしまうと、定期的かつ頻繁にヒナに給餌してやらなければなりません。孵化の日が近づくと、そのとき海にいたほうの親鳥は採餌をやめ、巣へと向かいます。孵化が間近に迫っていることをどうやって察知するのか、正確なところはまだ解明されていませんが、体内時計の存在が関係しているようです。

体内時計というのは原則として、ケーキを焼くときにセットするオーブンのタイマーのようなものと考えられます。タイマーをセットするための何らかの出来事が必要であり、定められた時間が経過するとアラーム音が鳴り、ケーキが焼けた、あるいはこの例では「卵ができた」ことを知らせてくれるのです。体内時計はあらゆる動物が備えているもので、ホルモン分泌のリズムを作り出しており、体内時計のほうもホルモンによって制御されていると考えるのが妥当のようです。タイマーがセットされる時期はおそらく、ペンギンのつがいが交尾をやめて産卵に至ると、親鳥たちの生殖器がどんな冷たいシャワーを浴びるよりも素早く退縮する、そのときです。その結果、交尾欲を増加させる生殖ホルモンであるテストステロンとエストロゲンの血中濃度が急激に低下し、これが引き金となってタイマーが動きはじめるのです。では、卵がちょうどいい具合になったよと、海で餌採りしているペンギンに知らせるアラーム音に該当するものとは、一体どんなものでしょう？複数のデータにより示唆されている現象として、プロゲステロンというホルモンの濃度が孵化直前に上昇することがあります。これが本当に、ペンギンに帰巣を促す引き金であるのかについては、より詳しく調査する必要があります。テスと同じで、ペンギンには時間がわかります。でも、休止期間を計ることができる点はテスとは違っていて、ペンギンのこの能力はヒナの生死にかかわる、極めて重要な働きをします。したがって、私自身について申しますと、ペンギンのためならいつでも、ベッドの足元に居場所を作っておきます。

とは言え、この件で最後にものを言えるのはおそらくテスでしょう。三〇〇ドルする妻のスイス製の腕時計を飲み込み、しばらくしてそれをバスルームの床に排泄して、それでもなお生き延びることができたほどの犬ですから、時間の経過とそれが生存率に及ぼす影響について、私が目指すレベルを上回るほどの知識を持っているはずなのです。

掟破り

物理学には法則がありますが、生物学は確率で表されるものです。生物システムとは本質的に不確定要素の多いものですが、鳥類の行動には、法律と見まがうほどの、従わなければ罰金を科されるのではないかと思われるような側面が存在します。それは鳥類の一腹卵数（一回の産卵数）をつかさどる法則で、これを最初に提唱したのはイギリスの鳥類学者デイヴィッド・ラックでした。ラックの「法則」によると、一腹卵数は、親鳥が育てることのできるヒナの最大数に相当します。ところが、マカロニペンギン属、つまりあの立派な眉毛に恵まれたペンギンたちはどの種も、この掟に反しているのです。具体的には以下のようなことです。

・彼らは卵を二個産みますが、ヒナは一羽だけしか育ちません。

・第一卵よりも第二卵のほうが大きくなっています。他の鳥類では最後に産んだ卵が小さいことはあっても、最も大きいということはあり得ません。

・二個の卵の大きさには、他のどんな鳥類で見られるよりも大きな差があり、第二卵が第一卵の二倍もあることもあります。

・第一卵と第二卵は六日間ほど間を空けて産み落とされ、これは他のどんな種のペンギンよりも、そして他のどんな鳥類よりも、長い産卵間隔です。

・この産卵時の大幅な遅れにもかかわらず、第二卵のほうが第一卵よりも先に孵化します。

・マカロニペンギン属の三種のペンギン（フィヨルドランド、スネアーズ、イワトビ）では通常、二個の卵はいずれも孵化しますが、孵化の遅い第一卵の小さいほうのヒナは、第二卵の大きなヒナとの競争に勝つことができず、餌をもらえずに餓死してしまいます。

・マカロニペンギン属の残り二種（シュレーター、マカロニ／ロイヤル）では、第二卵の産卵当日、あるいはそれより前に、第一卵を失くしてしまう、というのが一般的です。親鳥が第一卵を意図的に巣から蹴り出しているのではないかと指摘する声もありますが、私の経験では、親鳥の無関心から紛失してしまうという例がほとんどです。

餌に関する研究や、トランスミッターを用いて海にいるペンギンの追跡調査を行った結果によると、マカロニペンギン属はどの種も外洋性、すなわち外洋で採餌するペンギンです。そんなに遠くまで出かけてしまったら、二羽のヒナを育てられるほど十分な餌を運んでくるのは不可能と思われます。だったらなぜ、卵を二個も産むのでしょう？　一部の人の見解では、マカロニペンギン属は進化の途上にあるペンギンであり、一腹卵数をエンペラーペンギンやキングペンギンのように一個に減らそうとしている最中だと言われます。しかし、そうだとすると、単に第二卵を産まないようにするのではなく、第一卵の「大きさ」を縮小する必要があるのはなぜなのか、説明がつ

シュレーターペンギンの一腹の卵（写真：Lloyd Spencer Davis）

きません。別の見解によると、卵一個、あるいはヒナ一羽がだめになってしまったときの保険に当たるものとして、二個の卵を産むのだと言われます。これは、二個の卵とも孵化にこぎつけることが多い種では当てはまる可能性はありますが、第二卵を産む前に第一卵を紛失したり、放り出したりしてしまう種では、第一卵が保険の役割を果たすことはほぼできません。

マカロニペンギン属で見られる、一腹のヒナの数の強制的な削減と、二個の卵の大きさの差が起こる理由は、謎のままです。科学分野のミス・マープルが謎を解明してくれる日が待たれます。その日まで、デイヴィッド・ラックが言えることは、一腹卵数は、親鳥が育てることのできるヒナの最大数におそらく相当する、ということだけです。

独りぼっちでお留守番

ペンギンと言えば、抱きしめたいくらいかわらしい、というイメージでしょう。ところが、ペンギン・ハンドリング経験者に聞いていただくとわかりますが、ペンギンはがんこで怒りっぽい生きものです。大の大人、しかも男性を、エンペラーペンギンがフリッパーを使って一撃で倒すところを、私も複数回、目撃しています。一見かわいいのは否定しないとしても、抱きしめるなど真っ平ご免です。ただし例外があるとしたら、キングペンギンのヒナでしょう。何しろ新種のテディベアみたいな身なりをしていますから。

キングペンギンは大きな鳥で、体重一五キロ前後にもなります。キングペンギンのヒナを成鳥サイズ近くにまで育てようと思ったら、とてつもなく大量の魚やイカを与えなければならず、親鳥にとって、夏の繁殖期の間にそれを達成することは不可能です。そのため、冬の間、親鳥たちは餌を求めて海へ出かけ、ときには数千キロも先まで泳いで行ってしまい、ヒナたちはその間ずっと、親なしで留守番することになります。何か月もの間、何も食べずに過ごさなければならないのです。極端な例では、五か月間も絶食を強いられたヒナもいます。

何という偉業でしょう！　抱きしめたくなるような彼らの外見に心ときめかない方でも、この不屈の精神にほれ込まないわけにはいかないでしょう。

新種のテディベア？（写真：Lloyd Spencer Davis）

クレイシと呼び出し給餌

親が子を置き去りにして働きに出てしまい、血を分けた子の世話をクレイシという集合体に委ねるなどということをする動物は、そう多くはなく、該当するものとしては人間のほか、フラミンゴ、ケワタガモなどが挙げられます。そして、とりわけ注目していただきたいのが数種のペンギンです。

厳密に言うと、クレイシとは三羽以上のヒナの集まりのことです。実際のところ、集団は三羽よりも大きいのが普通で、ヒナが属するサブコロニーの大きさと、サブコロニー内での巣の分布のしかたによって異なります。以前は、ヒナたちが暖を取る手段としてクレイシを形成するのだと考えられていました。しかし、両親ともに海へ出てしまいヒナだけが取り残されるようになるのは通常、ヒナが二週齢ほどになってからで、その頃にはヒナもすでに自力で体温を維持できるようになっており、身を寄せ合って寒さをしのごうとするのは、嵐で天候が最悪になったときくらいです。ヒナたちがクレイシを形成する主目的は、外敵から身を守るためと考えられます。実のところ、子育てをしておらずぶらぶらしている成鳥がコロニー周辺に数多くいる場合は、ヒナがクレイシを作らないこともあります。アデリーペンギンのような種では、無事に育ったヒナたちが親鳥なしで過ごし始めるようになる、ちょうどその頃に、子育てに失敗した成鳥たちがコロニーに戻ってきます。この成鳥たちのコロニーへの流入を再居住期と呼びます。成鳥の姿が見えるだけでトウゾクカモメなどの外敵が近寄ってこなくなりますから、再居住期がクレイシ期の開始と重なることは、ヒナにとって幸運と言えます。やがて繁殖期が終わりに近づくと、コロニーにとどまる成鳥の

晩ごはんをねだって追いかけっこ（写真：Lloyd Spencer Davis）

数は徐々に減少し、ヒナがクレイシを形成しようとする傾向が強まり、クレイシの規模も拡大して、複数のサブコロニーのヒナたちが集まって、行動を共にするようになります。

ヒナが大勢のよそのヒナたちといっしょくたになってしまうと、ヒナに給餌するために海から戻ってきた親鳥たちは難問にぶつかるおそれがあります。自分のではなくよそのヒナに給餌してしまったら、採餌に要した労力はすべて報われないものとなってしまいます。幸い、ヒナが二週齢にもなると、親鳥もヒナも鳴き声をもとにお互いを認識できるようになります。そこで親鳥は、巣の場所に戻り、もしそこにヒナがいなければ、鳴き声を上げてヒナに呼びかけます。すると、呼ばれたヒナはクレイシから離れ、親鳥のほうへ駆け寄ります。よそのヒナたちもそれについて来ることがよくあります。タダ飯を食わせてもらえるかと期待しているのでしょう。でも、その親鳥に鳴き声を認識してもらえなければ、餌をもらえるどころか、つつかれるだけなので、[13]よそのヒナたちはすぐに興ざめしてしまいます。

親鳥は、自分のヒナとよそのヒナを見分けることはできますが、ヒナが二羽いる場合、どちらがどちらか見分けることはできないらしいということが、様々なデータから示唆されています。ヒナたちの行動は利己的であり、二羽の大きさに差がある場合、大きいほうのヒナは力ずくで小さいヒナを押しのけることができます。その結果、小さいほうのヒナは餓死してしまうか、成長が遅れ、将来生き延びることが見込み薄となってしまいます。親鳥の観点から言うと、二羽のうちどちらのヒナも同様に貴重な存在です。大きさの差については、第一卵の抱卵を第二卵が産まれてからきちんと開始するという方法を取ることで、二個の卵の孵化の時期がなるべく近くなるようにし、ある程度は大きさの差を縮めることができます。ヒナを個々に識別できなくとも、小さいほうのヒナにより多くの餌を分配できるようにする巧妙な手口を編み出してしまった種も見受けられます。

アデリー、ヒゲ、ジェンツーの親鳥は、自分のヒナが餌をねだって近寄って来ると、きびすを返し逃げ出してしまいます。ヒナはその後を追いかけ、親に襲いかからんばかりになります。

（13）親鳥がよそのヒナに給餌する様子が観察された例は皆無というわけではありませんが、ほとんどの場合、どんなにおねだりされても、よそのヒナに給餌することはありません。

二〜三メートルも逃げると、親鳥は振り向き、すぐ目の前にある口（通常は大きいほうのヒナの口）の中に餌を吐き戻します。すると親鳥は、再び向きを変えて逃げ出し、同じプロセスを繰り返します。大きいほうのヒナは、そこで後れを取るか、満足してしまって走る気力が萎えるか、追いかけっこをしていて迷子になってしまうことがあります。そうなると、小さいほうのヒナもほぼ確実に、どうにか餌にありつけることになります。ヒナを一羽だけ育てている親鳥のところでは、ディナーを求めてヒナが走り回る必要性は低く、追いかけっこはほんの短いものだったり、まったく行われないこともあります。

呼び出し給餌の一場面。親鳥が海へ逃げようとしている（写真：Lloyd Spencer Davis）

5・さまよえる魂？

それで　奴らに差し出したのか？
亡霊と引き代えに憧れのヒーローを
緑の木に代えて熱い灰を
冷たいそよ風に換えて熱い空気を
変化と引き換えに慰めにもならないものを
そして　カゴの中の主役になるために　戦場での端役を
手放したのか？

「あなたがここにいてほしい」
ピンク・フロイド

フォークランド諸島のキングペンギン
（写真：B Goode）

自然淘汰とは、戦いです。動物たちは、生存という唯一の褒美を賭けて競い合います。生きるか死ぬかのこの争いにおいては、生存に有利に働く修正点が繁栄してゆきます。ペンギンの場合、海の中の豊かな資源のために飛翔能力をあきらめたとき、利点を獲得しました。けれども、翼を手放す過程において、ペンギンは二度と後戻りできない領域に踏み込んでしまいました。空を飛ぶ鳥に戻ることは二度とできません。ある意味、ペンギンは過去の成功に囚われた身となって、進化上の檻の中に閉じ込められ、出口がどこにもない状態にあります。

ペンギンが持つ潜水能力は、成鳥自身とそのヒナたちの両者にとって、海にある大量の食糧を活用する上で鍵となると考えられますが、水中に適応した生活様式も、飛翔能力を持たないことも、多くの犠牲を伴うものです。水中でも防水と体温維持効果がある羽毛のサバイバルスーツは、繁殖期の苛酷な生活を終えると毎年、新しいものに交換する必要があります。これを換羽と呼びますが、換羽というのは心身を衰弱させるプロセ

ぼろぼろになって立ち尽くす：換羽中のスネアーズペンギン（写真：M・Renner）

スです。餌を口にすることもできず、体温をうまく調節することもできない中で、新品の羽毛のスーツを作り出さなくてはならず、そのためペンギンに課されるエネルギー要求量は膨大です。換羽による痛手に備えるために、ペンギンは、繁殖期を終えるとすぐさま海へ採餌に出かけ、数週間かけて体重を増やします。[14] それから、荒涼とした海岸で、ぼろぼろの羽毛をまとったままじっと立ちつくし、エネルギーの消耗を極力減らし、新しい羽毛作りに可能な限りの力を注ぎこみます。その間、食事にまったくありつけないペンギンは、それまでに蓄えた脂肪を文字どおり食いつぶすことになり、体重は激減します。中にはそれで命を落とすペンギンもいます。換羽の期間を乗り切るのに足るだけの量の脂肪を事前に蓄えることができていなかったり、天候が荒れて冬が始まる前に換羽を完了できなかったりしたら、換羽は命取りになるのです。

換羽を無事に乗り切れたとしても、その後の見通しはそう明るいものではありません。ペンギンのほとんどは、自分の繁殖地に一年じゅうとどまることができません。飛

このフンボルトペンギンにとっても、換羽は心身を衰弱させるプロセスだ
（写真：Henkbentiage）

翔能力が持つ利点のひとつは、渡りを速く、効率的に行う手段となることで、他の時期には生活環境が整っていない地域でも新たな繁殖地として開拓することが可能なことです。渡りは、空を飛ぶ鳥にとっても非常に困難な行為ですが、それを泳いで成し遂げなければならないとなれば、紛れもなく命の危険を感じさせるでしょう。実際、命にかかわるのです。

（14）ガラパゴスペンギンだけは例外で、繁殖する前に換羽します。ガラパゴスペンギンは渡りをしない定住性のペンギンで、一年間に何度も繁殖することができます。彼らの場合、何が先で何が後かというのは、だいぶ専門的な話になります。

このイワトビペンギンたちにも渡りという険しい日々が待ち受ける
(写真：Lloyd Spencer Davis)

アデリーペンギンの場合、年によっては4分の1近くもの個体が冬の渡りで命を落とす
(写真：Lloyd Spencer Davis)

何種かのペンギンでは、越冬の渡りを完了できず力尽きる個体が、成鳥の四分の一近くもいます。ヒナにとっては、見通しはさらに厳しいものです。巣立ったばかりのヒナが生まれて初めて海に入るとき、それは巣立ち後の渡りに出発するときであり、その旅は一年とか、何年も続くものもあります。その後、生き延びて成鳥となり、繁殖のためにコロニーに戻ってくるのは、巣立ったヒナのうち半分にも満たないのが当たり前で、ときには一羽も戻ってこないことすらあります。

渡りにおける死亡率は、ペンギンの生息数に影響を与える最大の要因であるにもかかわらず、研究者は、ペンギンが渡りでどこに行き、どんなことをしているのか、ほとんど知識を持っていません。近年、電子技術の進歩により、超小型のトランスミッターやGPSをペンギンの羽毛に貼りつけて、ペンギンが海にいる間の行動を追跡できるようになりました。こうした機器を使って、潜水深度や遊泳速度、ペンギンが海にいるのか、陸に上がっているのかなどの行動関連のデータのほか、海水の温度や塩分濃度などの環

流線形のトランスミッターを背中側の尾の近くに取り付け、水中での抗力を抑える
（写真：Lloyd Spencer Davis）

境変数も記録することができます。記録されたデータはマイクロチップに保存され、ペンギンがコロニーに戻ってきたときにダウンロードされるか、もしくは人工衛星に転送されます。ただ、どちらの方法を取っても難点があります。ペンギンの羽毛に器具を取りつけるには、特殊な接着剤や粘着テープを使えば、数週間、あるいは数か月程度は、水に入ってもはがれ落ちないようにできますが、渡りの期間を最初から最後まで追跡するのに必要な約八か月もの間、接着を維持する方法については、研究者も未だ見出せていません。また、羽毛に取りつけた器具は体表面より出っ張ってしまいます。出っ張りがあると、泳いでいるペンギンの周囲の水流が乱れて抗力が増し、遊泳と潜水に余計な労力を要することになります。そこで、器具の形状を流線形にし、取りつける位置をペンギンの背中側の、尾のつけ根あたりにすることで、水流の乱れを最小限に抑えるようにしています。

人工衛星を用いて得られた予備的な追跡データによると、ペンギンは越冬の渡りで驚異的な距離を移動する能力を備えているということが示されています。例えば、南極のロス島で営巣するアデリーペンギンの渡りの経路を見ると、彼らの移動距離は少なくとも五五〇〇キロメートルにもなります。魚であろうが鳥であろうが、泳ぐには非常に長い距離です。

渡りの経路に問題がなかったとしても、ペンギンの進化の経路が、ペンギンを犠牲になりやすい生きものにしてしまった、という事実から逃れることはできません。しかも二重の犠牲です。飛べないことにより生じる制約や外敵の脅威と戦わなければならないだけでなく、採餌のために海で過ごす時間を延長する要素であれば何でも、抱卵放棄やヒナの餓死が起こる確率に深刻な影響を与えることになるからです。

初期のペンギンが翼と引き換えにフリッパーを獲得した取引きが有意義であったことは明らかだ（写真：V・Seliverstov）

ペンギンは真の敵の姿を見極めつつある。その敵とは、私たち人間だ(写真：A Basile)

こうしたマイナス面にもかかわらず、ペンギンが地球上に現れた当時に行った取引き、すなわち翼と引き換えにフリッパーを得た取引きは、明らかに有意義なものでした。五〇〇〇万年と言えば、誰の帳簿であってもとても長い期間です。ペンギンは、人間や人間の祖先に比べ一〇倍も長い間、地球上に存在していきます。そして、そこには大きな皮肉が存在します。

ペンギンが進化したのは、陸上に捕食

ペンギンの中で最も絶滅が危惧されるガラパゴスペンギン。観光客による問題行為や人為的な地球温暖化など、人間がもたらす脅威に直面している（写真：Goncaloferreira）

者が存在しない離島であり、空を飛ぶための翼を持たずとも、ペンギン史の大半において繁栄することができました。ここで重要なのは、そうした離島にはペンギンの捕食者がいなかっただけでなく、人間も住んでいなかったという点です。ペンギンは今や、ペンギンの真の敵は何であるか認識を深めつつあります。その敵とは、私たち人間なのです。

捕食という点でも、人間がちょっかいを出してきたという事実があります。ペンギンを何千羽と殺して皮を剝ぎ、煮詰

卵を失くしてしまったイワトビペンギン。皮膚の露出した抱卵斑が下腹部にくっきりと見てとれる。フォークランド諸島にて（写真：Catsi）

めて身体の油を搾り取るという行為を、人間はここ二〇〇年ほどの間、繰り返してきました。卵の採取もしています。ケープペンギンの例では、三〇年の間に採取された卵が、ある一地域だけで一三〇〇万個にも上りました。フォークランド諸島では、毎年一一月九日に収穫が行われ、人々はイワトビペンギンの卵を手押し車一杯に集めます。この収穫には近年、一定の規制が課されていますが、それでも毎年一万個ものペンギンの卵が巨大オムレツと化す運命にあります。しかし、ペンギンにとって最も致命的と言えるのは、人間が、ペンギンの命を奪うものたちのあっせん業者と化してしまっている、という点です。ペンギンが営巣する人里離れたへき地に、オコジョやネコなどの外来捕食者を人間がわざわざ持ち込み、その結果、ペンギンの生息数は瞬く間に激減することになりました。

人間のせいでペンギンが命を落とすことになる理由はまだあります。捕食者にやられなくても、病気にやられてしまうのです。南極でペンギンのヒナが大量死したとき、そ

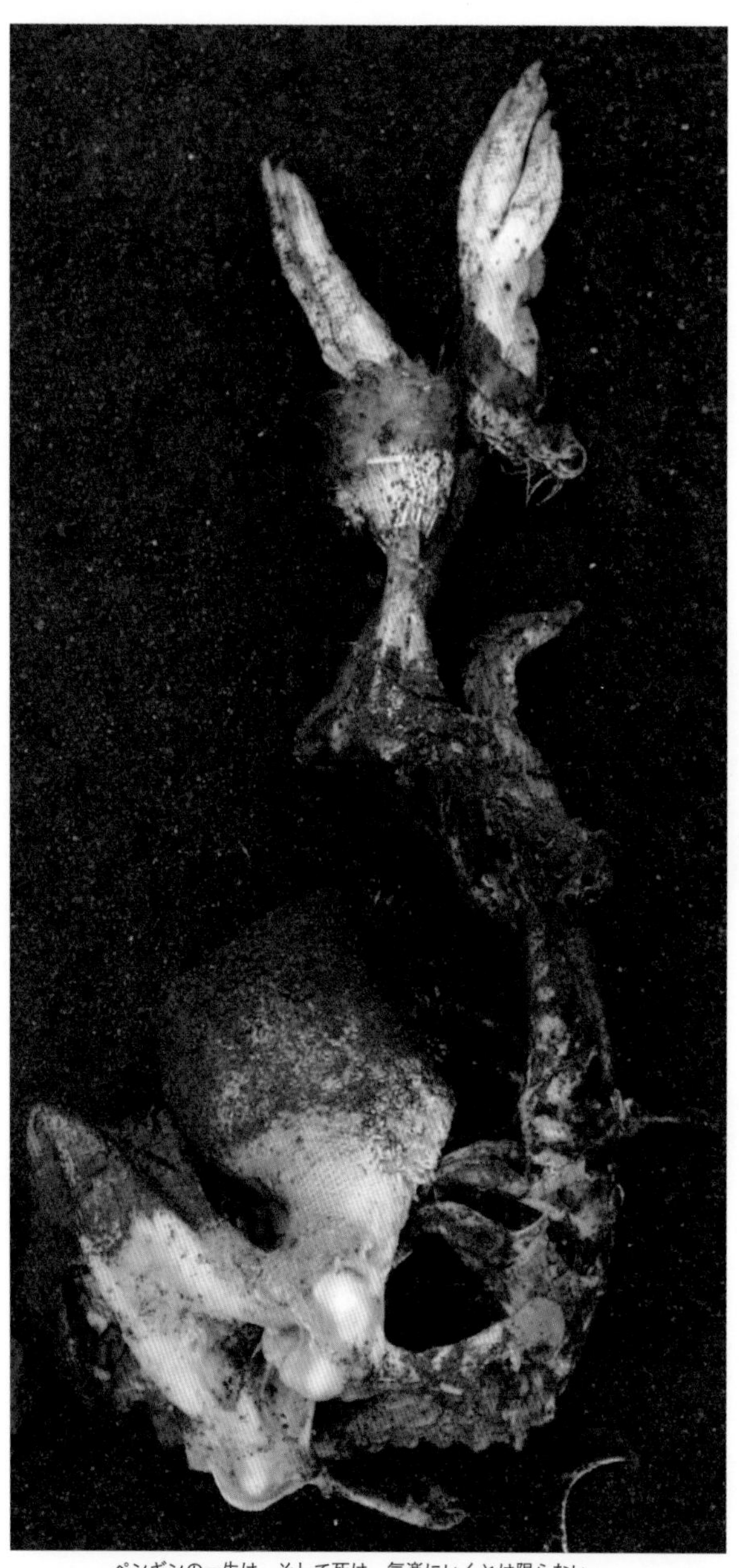

ペンギンの一生は、そして死は、気楽にいくとは限らない
（写真：Lloyd Spencer Davis）

れを引き起こした最重要容疑者とされたのは、研究者の食糧になっていたニワトリを感染源とする鳥マラリアでした。あるいは、人間の親切心があだになり、ペンギンを死に追いやってしまうこともあります。南極を訪れる観光客は善意ある人々でありながら、営巣中のペンギンに近づきすぎるなど、知らず知らずのうちに問題行為をしてしまい、ペンギンに苦痛を与え、子育ても失敗に追い込んでしまうことがあります。マックォーリー島では、低空飛行した飛行機のせいでキングペンギンの群れに将棋倒しが起こり、

農場を横切って巣穴へと急ぐキガシラペンギン（写真：Lloyd Spencer Davis）

結果的に七〇〇〇羽ものペンギンが死んだという報告があります。

人間の行いがペンギンの暮らしに与える負の影響には、間接的なものもあります。人間が水産資源を乱獲したために、親鳥たちは餌を見つけにくくなり、それが原因で子育てに失敗するつがいの数が増えてしまいました。また、人間は海を汚染し、ペンギンにとって棲みにくい場所にしてしまいました。オーストラリアや南アフリカ、南米などで発生した重油流出事故では、多くのペンギンが犠牲と

ペルーのバジェスタス諸島にあるフンボルトペンギンの営巣地ではグアノの採掘が行われている（写真：Jarnogz）

なり、膨大な量の浄化作業が必要となりました。

ペンギンの営巣地として必要な生息地も、人間の手によって破壊されています。ニュージーランドでは森林伐採が進み、本土沿岸で暮らすキガシラペンギンを、もう少しで全滅させてしまうところでした。フンボルトペンギンは、カツオドリやウ、ペリカンなどのコロニーで長年にわたり堆積したグアノと呼ばれる排泄物を、巣穴を掘る場所としてよく利用しますが、ペルーでは、この窒素を多く含むグアノが今なお採掘され、肥料として活

亜南極地域のキャンベル島では、海面水温の上昇とともにイワトビペンギンの個体数が激減した
（写真：Lloyd Spencer Davis）

見通しは暗くてもキガシラペンギンは未来へと歩を進める（写真：G・Court）

用されています。それがペンギンの営巣を脅かすリスク因子となっています。

人間がペンギンにもたらす脅威として最も悪質と言えるのは、おそらく、人間の力で最も制御困難なもの、すなわち地球温暖化です。産業に起因する環境汚染は、発生源が北半球にあっても、南半球においてエルニーニョのような海水温上昇現象として顕在化します。これは、ペンギンにとって命取りになりかねない現象です。海水温が上昇すると、栄養素に富む冷たい海水が表層へ向かって上昇する湧昇という水の動きが、抑制されてしまいます。栄養のある冷たい海水はプランクトンの大発生を促すのに欠かせないもので、それらプランクトンは、ペンギンが餌とする生物の食糧となり、ひいてはペンギンたちをも養うことになります。エルニーニョがおそらく引き金となって、ペンギンの生息数が激減してしまったという例が、これまでにガラパゴス諸島、ニュージーランド、亜南極地域の島々などで報告されています。そして、こうした事象は近年、より頻繁に起きているようです。南極で営巣するペンギン

勝者か、さまよえる魂か？（写真：Lloyd Spencer Davis）

にとっては、地球温暖化が及ぼす影響はさらに深刻です（203頁「地球温暖化とオキアミ」参照）。

哀しいかな、魚になろうとしたこの鳥たちの命運は、私たち人間の手の中にあります。人間は罪深くもあり、同時に救世主ともなり得る存在です。ペンギンが今後、もう五〇〇〇万年経っても地球上に存在するか、あるいはもう五〇年後にはいなくなってしまっているかは、人間の行い次第でほぼ決まってしまうでしょう。飛翔能力の喪失は、ペンギンをより脆弱な生きものにしてしまいました。ペンギンが戦いに勝利するのか、あるいは、「あなたがここにいてほしい」の歌詞にあるように「金魚鉢の中を泳ぐさまよえる魂」みたいになってしまうのか、最終的には人間の行動にかかってくるのです。

ああ、あなたが、あなたがここにいてくれたなら、どんなにうれしいことか！

南極大陸で子育てするペンギンが温暖化を恐れるのには理由がある（写真：Lloyd Spencer Davis）

世界最大の海鳥救出活動の実情

南アフリカ・ロベン島の重罪人用刑務所には、囚人No. 488/64を一八年にわたり収容していたコンクリート製の独房があります。シングルベッド一個がやっと入る大きさで、鉄格子で覆われた窓越しに見える景色と言えば、コンクリートで囲われた中庭だけ。その囚人とは、ネルソン・マンデラです。南アの黒人が、南アの白人と一緒に、争うことなく共生する、という理想を掲げた、それだけのために、マンデラは囚われの身となりました。でも皮肉なことに、刑務所の塀が視界を一時的に遮りはしても、マンデラが後にリーダーとなる新しい南アフリカを象徴するとも言える鳥の鳴き声は遮られることなく、彼の耳に届いていました。

白黒二色の身体をしたケープペンギンは、ロバのような耳障りな鳴き声の持ち主として知られています。あまり似ているので、「Jackass（雄ロバ）Penguin」と呼ばれることもあるほどです。このケープペンギンが、ロベン島には六〇〇〇つがいも営巣しています（ケープペンギンのコロニーとしては三番目の規模）。ケープタウンに鳴き声が届くくらい近く、世界最大級の航行船舶数を誇る海上航路の真ん中に位置する島です。つまり、いつ悲劇が起きてもおかしくない状況です。ペンギンにとって不運なことに、その日が来るまで長くかからないであろうことは明らかでした。

一九九四年六月二〇日、鉄鉱石を運搬していたアポロ・シー号が、ロベン島の北で沈没、約二〇〇〇トンの燃料油が海に流出しました。油は、船の動力源としては有用ですが、ペンギンにとっては、油の中を泳いでしまったら命を落とすことになる厄介物です。油でペンギンの羽毛は目詰まりし、防水機能を失ってしまいます。油にまみれてしまったペンギンは、水中にとどまることができません。油汚れが深刻な場合には中毒作用が現れることもありますが、そうでなくても、低体温症にやられるか、餓死するか、どちらかなのです。アポロ・シー号の事故では一万羽ものケープペンギンが燃料油に曝されましたが、悲劇はそれだけで終わりませんでした。

それから六年経った二〇〇〇年六月二三日、今度はトレジャー号という鉄鉱石運搬船が、ロベン島の北二〇キロ沖で沈没しました。積載されていた燃料油は一三〇〇トンで、沈没二日後には油がロベン島の海岸に漂着しました。同時に、油にまみれたペンギンが一三五〇羽、南アフリカ沿岸鳥類保護財団（SANCCOB、サンコブと呼ばれる）の手によって保護、南アフリカ本土にある作業所に移送され、羽毛についた油は手洗いで洗浄されました。六月二八日になると、沈没地点の北約三〇キロにあるダッセン島が燃料油で囲まれてしまいました。ダッセン島は世界最大のケープペンギンコロニーとなっています。このときの推計では、油で汚染されたケープペンギンの数は全個体数のうち二〇パーセント程度ではないかと言われました。サンコブでは一時、全個体数の約一二パーセントものケープペンギンを作業所に保護していたほどです。ほとぼりが冷める頃までに、サンコブと四万人のボランティアの手で保護されたペンギンは、ロベン島とダッセン島を合わせて四万三〇〇〇羽に達しました。意外にも、当時の処置は非常に効果的で、保護されながら息絶えてしまったペンギンは一〇〇〇羽未満に抑えることができました。

油で汚染されていなかったペンギンは、海へ入ってしまうと汚染されるおそれがありましたから、ロベン島で（ダッセン島もですが）、フェンスで囲った中に閉じ込められました。世界トップクラスの悪名高い刑務所を擁する島が、ペンギンにとっても監獄となったわけです。ペンギンはかなり長期間、絶食しても生き延びることができますから、餌を与えずとも囲いの中で数日間は過ごすことができるはずですが、閉じ込められたままでいるにも限度があります。そこで、汚染されていないペンギンを、ロベン島から五〇〇〇羽、ダッセン島からは一万二五〇〇羽、南ア南東沿岸の都市ポートエリザベスへと移送し、そこで放鳥するという対応が取られました。ペンギンのナビゲーション能力は高く、移送されたペンギンたちは元の島へ、泳いで戻ってしまうと考えられましたが、戻るまでに二週間くらいはかかるはずなので、それまでには流出した燃料油の除去も完了しているだろうという想定でした。移送されたうちの三羽に、衛星通信型のトランスミッターが装着されました。ロベン島出身の「ピーター」と「パメラ」です。ピーターは、ポートエリザベスで六月三〇日に放鳥されたあと、ロベン島のビーチによちよちと上陸したのは七月一八日、パーシーより一足早い本拠地帰還でした。

また次の石油流出事故が、ロベン島周辺でなかったとしても、どこか別のペンギンコロニーの近くで起きるのは、時間の問題でしょう。そ

重油流出事故では多くのペンギンが犠牲となる
（写真：L・Ferreira）

して、ペンギンを救出するのに必要なサンコブのような組織や、何千人ものボランティアや、巨大な保護施設が、いつも手近にあるものだなどと予想するのは、甘すぎる考えというものです。二〇〇一年一月一六日、今度はガラパゴス諸島でジェシカ号が座礁、付近の海面が油膜で覆われました。世界で最も絶滅が危惧されるほうのペンギンであるガラパゴスペンギンだけでなく、ガラパゴス特有の様々な野生生物の命が危ぶまれました。が、幸いにもこの事故では、速い海流と強風の力によって、流出した油の大半が沖合へと流されてゆき、大事に至らずに済みました。島の生きものたちにはなすすべなどありませんから、これほど好都合なことはありませんでした。

差し当たって命拾いしたピーターは、ロベン島で繁殖を再開しました。けれども、ピーターはある意味、今でも囚われの身で、その命運は私たち人間に委ねられたままです。彼の巣から見えるものは、ひっきりなしに往来する船と、その向こうのケープタウンの高層ビル群、そして、石油流出事故で命を落とすかもしれないという恐れが死刑宣告みたいに常にのしかかっている、そんな光景です。

夜になるとピーターは、遠くでネルソン・マンデラの声がするかどうか聞き耳を立てたりするのでしょうか?

地球温暖化とオキアミ

アデリー、ヒゲ、ジェンツーというペンギンたちが南極で生きてゆくためには、冬は「本物の寒い冬」である必要があります。感覚的には逆のように思われるかもしれませんが、なぜかというと、これらのペンギンの主食である生物が、海の表層が完全に凍りつくほど極寒の気象に依存して生きているためです。

上記三種のペンギンでは、食べるものはほぼいつもオキアミ、と決まっています。オキアミというのは小型の甲殻類で、見た目はミニチュアのイセエビのような姿をしています。れっきとした動物プランクトンの一種であり、南極海のあちこちに大群を成して暮らしています。とても小さな動物でありながら、何年も生き長らえることができます。とはいえ、幼生の場合、初めての南極の冬を越せないものがほとんどであり、生殖年齢に達することができるオキアミは一部に限られます。オキアミの赤ちゃんは、南極の暗い冬の間、海氷の下にうずくまって過ごします。ここに、矛盾が生じます。オキアミの幼生が南極海の寒さを乗り切るためには、本当に寒い気温が必要なのです。寒さがこの上なく厳しい冬になってこそ、海氷は十分な厚みに成長し、南極の極寒を遮って幼生を守ることができるのです。

それほど厳しい寒さの冬というと、やって来るのは周期的で、海流の周回パターンの影響により、だいたい七年に一回程度という頻度です。オキアミは、年齢とともに大きく成長する動物です。ペンギンが食べた餌を採取して調べると、食べられたオキアミの平均体長は毎年、徐々に大きくなってゆき、六年ほど経つと突然、最小サイズに戻る、という周期を繰り返すことがわかります。つまり、これらのペンギンは、生まれて初めての冬を乗り切ることができた、たったひとつの群れのオキアミを餌にしていて、また次の厳しい冬がやって来て、オキアミの幼生が冬を越して成体となり、新たな群れを形成できるまで、既存の群れだけを頼りに生きているわけです。そして、ペンギンの観点から見ると不運なことに、オキアミの寿命は永遠ではなく、せいぜい七年かそこらなのです。ここに地球温暖化という問題を加味してみてください。

地球上では、工業化の進んだ北半球の国々から排出された温室効果ガスなどの影響により、二〇世紀後半の五〇年間で、南極においてさえも気温の上昇が見られます。その結果、海氷が分厚く成長する厳しい冬の周期は沈静化され、寒い冬が減ってしまいました。極寒の気象にならないと、オキアミの大半は幼生の間に死んでしまいますから、オキアミ成体の生息数も減少し始めました。その影響はすでに、南極半島周辺で営巣するペンギンの繁殖成功率の劇的な変化という形で表れています。

地球上のある一角で一匹のチョウが羽ばたくと、それがやがて別のどこかに嵐を巻き起こすことになる、というのは、カオス理論でよく引き合いに出される概念です。でも、ヨーロッパのアウトバーンを走る一台のBMWが、南極で暮らすペンギンのヒナを一羽、飢え死にさせてしまうとしたら…それこそ正にカオスではありませんか。

南極半島に巣を構えるジェンツーペンギンは子育てのために大量のオキアミを必要とする（写真：R・Baak）

遠縁にあたるスネアーズペンギンと出くわした
キガシラペンギン。スネアーズ諸島にて
（写真：Lloyd Spencer Davis）

ペンギン ファミリーアルバム

現生のペンギン科の鳥類は 16 種に分類されています。このほか、ロイヤルペンギンとハネジロペンギンが独立した種と位置づけられることもありますが、実際には前者はマカロニペンギンの、後者はコガタペンギンの、それぞれ亜種であることを示すデータがあり、ロイヤルとマカロニで、あるいはコガタとハネジロで、それぞれ野生で自由につがいとなり繁殖しています。ただ、ペンギンの分類は絶えず見直されていて、イワトビペンギンなどは将来、別個の 2 種、ともすれば 3 種に分類されることになりそうです。

（写真: Lloyd Spencer Davis）

名前：ガラパゴスペンギン

学名：*Spheniscus mendiculus*

分布：ガラパゴス諸島

大きさ：2.1 キロ（オス）、1.7 キロ（メス）

好きな食べ物：小魚

巣の種類：地面の穴や溶岩の裂け目

特色：繁殖地が赤道直下にあり、1年を通じて繁殖する。おそらく世界で最も希少なペンギン。

（写真: Lloyd Spencer Davis）

名前：フンボルトペンギン

学名：*Spheniscus humboldti*

分布：ペルー、チリ

大きさ：4.9 キロ（オス）、4.5 キロ（メス）

好きな食べ物：小魚

巣の種類：地面の穴や洞窟

特色：くちばしの根元に皮ふの露出した部分あり。胸に1本の黒い線。

(写真: Y・van Heezik and P・Seddon)

名前：ケープペンギン

学名：*Spheniscus demersus*

分布：アフリカ大陸南部

大きさ：3.3キロ（オス）、3.0キロ（メス）

好きな食べ物：小魚

巣の種類：地面の穴、または茂みや岩の下

特色：ロバのような耳障りな鳴き声。胸に1本の細い黒い線。

(写真: Lloyd Spencer Davis)

名前：マゼランペンギン

学名：*Spheniscus magellanicus*

分布：チリ、アルゼンチン、フォークランド諸島

大きさ：4.9キロ（オス）、4.6キロ（メス）

好きな食べ物：小魚

巣の種類：地面の穴や、茂みの下

特色：ロバのような耳障りな鳴き声。胸に2本の黒い線。

（写真: M・Renner）

名前：コガタペンギン

学名：*Eudyptula minor*

分布：オーストラリア、ニュージーランド

大きさ：1.2キロ（オス）、1.0キロ（メス）

好きな食べ物：小魚

巣の種類：地面の穴、洞窟、または茂みの下

特色：ペンギンの中で最小の種。夜行性。青味がかった体色。前傾姿勢。

（写真: M・Pedrera）

名前：ハネジロペンギン

学名：*Eudyptula minor albosignat*a

分布：ニュージーランドのバンクス半島およびモツナウ島

大きさ：1.2キロ（オス）、1.0キロ（メス）

好きな食べ物：小魚

巣の種類：地面の穴、洞窟、または茂みの下

特色：コガタペンギンの亜種。フリッパーに白いふちどりがある。

（写真：Lloyd Spencer Davis）

名前：フィヨルドランドペンギン

学名：*Eudyptes pachyrhynchus*

分布：ニュージーランド

大きさ：4.1 キロ（オス）、3.7 キロ（メス）

好きな食べ物：魚、イカ

巣の種類：森の中の木や岩の下、または洞窟

特色：黄色い冠羽。警戒しているときは頬に白い縞模様が見える。

（写真：Lloyd Spencer Davis）

名前：スネアーズペンギン

学名：*Eudyptes robustus*

分布：スネアーズ諸島

大きさ：3.3 キロ（オス）、2.8 キロ（メス）

好きな食べ物：オキアミ、イカ、魚

巣の種類：開けた場所や森の中にコロニーを形成

特色：黄色い冠羽。下くちばしの周りに白い「唇」があるように見える。

（写真: Lloyd Spencer Davis）

名前：シュレーターペンギン

学名：*Eudyptes sclateri*

分布：アンティポディーズ諸島、バウンティ諸島

大きさ：5.2 キロ（オス）、5.1 キロ（メス）

好きな食べ物：オキアミ、イカ

巣の種類：開けた場所にコロニーを形成。巣を岩の上に作るが、巣材は使わないか、ごくわずか。

特色：黄色い逆立った冠羽。大きさが極端に異なる卵を 2 個産む。

（写真: Thethirdman）

名前：イワトビペンギン

学名：*Eudyptes chrysocome*

分布：南極周辺、亜南極圏の島々

大きさ：2.5 キロ（オス）、2.4 キロ（メス）

好きな食べ物：オキアミと、魚およびイカ

巣の種類：開けた場所にコロニーを形成。

特色：体格は小さめ。長い冠羽。目は赤い。

（写真: R・Lindie）

名前：マカロニペンギン

学名：*Eudyptes chrysolophus*

分布：南極周辺、亜南極圏の島々

大きさ：5.2 キロ（オス）、5.3 キロ（メス）

好きな食べ物：オキアミ

巣の種類：開けた場所にコロニーを形成

特色：山吹色の冠羽が目の後方に垂れ下がっている。

（写真: C・Bradshaw）

名前：ロイヤルペンギン

学名：*Eudyptes chrysolophus schlegeli*

分布：マックォーリー島

大きさ：5.2 キロ（オス）、5.3 キロ（メス）

好きな食べ物：オキアミ

巣の種類：開けた場所にコロニーを形成

特色：マカロニペンギンの亜種で顔面が白い。

（写真: Lloyd Spencer Davis）

名前：キガシラペンギン

学名：*Megadyptes antipodes*

分布：ニュージーランド、オークランド諸島、キャンベル諸島

大きさ：5.7キロ（オス）、5.4キロ（メス）

好きな食べ物：魚、イカ

巣の種類：密生した茂みの下

特色：目は黄色。頭頂部を1周し両目を結ぶ黄色い帯あり。

（写真: Lloyd Spencer Davis）

名前：キングペンギン

学名：*Aptenodytes patagonicus*

分布：亜南極圏および南極圏の島々

大きさ：16.0キロ（オス）、14.3キロ（メス）

好きな食べ物：魚、数種のイカ

巣の種類：開けた場所にコロニーを形成。縄張りを持つが巣は持たない。

特色：両耳の部分にオレンジ色の斑紋があり、細い下くちばしの嘴鞘部分もオレンジ色。卵は1個産む。

（写真: Lloyd Spencer Davis）

名前：エンペラーペンギン

学名：*Aptenodytes forsteri*

分布：南極

大きさ：36.7キロ（オス）、28.4（メス）

好きな食べ物：魚、イカ

巣の種類：冬期に海氷上で繁殖。卵を1個産み両足に乗せて温める。

特色：ペンギンの中で最大の種。両耳の部分に黄色の斑紋があり、下くちばしの嘴鞘部分はピンク色。

（写真: R・Cuthbert）

名前：ジェンツーペンギン

学名：*Pygoscelis papua*

分布：南極周辺、亜南極圏の島々、南極半島

大きさ：5.6キロ（オス）、5.1キロ（メス）

好きな食べ物：オキアミ、魚

巣の種類：開けた場所にコロニーを形成

特色：両目の上に白い斑紋。目の周りは白く縁取られている。くちばしは赤みがかったオレンジ色。

（写真: M・Renner）

名前：ヒゲペンギン

学名：*Pygoscelis antarctica*

分布：南極周辺、亜南極圏の島々、南極半島

大きさ：5.0 キロ（オス）、4.8 キロ（メス）

好きな食べ物：オキアミ

巣の種類：開けた場所にコロニーを形成

特色：顔が白く、あごひもをつけているような細い黒い線がある。

（写真: Lloyd Spencer Davis）

名前：アデリーペンギン

学名：*Pygoscelis adelia*e

分布：南極

大きさ：5.4 キロ（オス）、4.7 キロ（メス）

好きな食べ物：オキアミ

巣の種類：開けた場所にコロニーを形成。小石で巣を作る。

特色：頭部が黒く、目の周りは白く縁取られている。

著者紹介

ロイド・スペンサー・デイヴィスはペンギン学の世界的権威であり、オタゴ大学（ニュージーランド、ダニーデン）サイエンスコミュニケーション学教授。ペンギン研究に携わって三十年を優に超え、ペンギンに関する科学論文や書籍を数多く出版してきた。第一回国際ペンギン会議の共同発起人の一人であり、重要な学術書「Penguin Biology」では編集主任を務めた。一般向けとして初めての著書「Penguin」でPEN最優秀デビュー作賞を受賞後、著作について複数の賞を受賞。ドキュメンタリー映画製作者としても受賞歴を持ち、中でもロイド自ら脚本・監督を務めた「Meet the Real Penguins」では、十数もの国際的な賞を受賞した。さらに、研究と写真についてもあまたの賞を受賞しており、それらの作品はロイドの運営するペンギンウェブサイト（PenguinWorld.com）に活力を与えている。現在、科学の一般への普及に関する大学院レベルの教育施設として世界最大の、サイエンスコミュニケーションセンターのセンター長として活躍中。

ロイドの著作についてもっとお知りになりたい方は左記ウェブサイトをご覧ください。
www.lloydspencerdavis.com

ペンギンについてもっとお知りになりたい方は左記ウェブサイトをご覧ください。
www.penguinworld.com

南極大陸にて、ペンギン研究にいそしむ著者

解説

ロイド・スペンサー・デイヴィスについては、距離をおいて書いたり冷静に紹介したりといったことがなかなか難しい。一九八八年に初めて出会ってから現在まで、一緒に行動したのは六回ほど。しかし、その一つ一つの活動が極めて濃厚だった。

野生のペンギンを一緒に調査・研究したのは一度だけ。真冬のニュージーランドで四二日間、フィヨルドランドペンギンを追いかけた。血液採取して遺伝的多様性を確認するデータを集めたのだ。冷たい雨が降り続くレインフォーレストの林床部を、ぬかるみと闘いながら這いずり回った。全日程、人里はなれた山小屋で数人のなかまと自炊。アルコールの力をかりて寝袋に入るまで、いろんなことを議論した。

「なぜきみは原爆を落とされた国の人間なのに、もっと積極的にあの不必要な兵器から自由になろうとしないんだ？」

ある晩、まだたいして酔ってもいないデイヴィスが、こちらをまっすぐみて尋ねた。なにが言いたいのか、一瞬戸惑う。

「難しいことじゃない。おれたちは科学でなにかを変えようとして、こんな冷たい森の中でもがいてる。まさか、ペンギンがかわいくて調べてるわけじゃないだろ?!…科学は人を大量に殺すことができるだけで、人の行いを変えることはできないのかな？　文明や富を築くのではなく、人間の行動をこそ変えていかなければならないんじゃないか？　同じ小さな島国に生まれた人間として、なにかできることはないんだろうか？」

ニュージーランドの人は自然との距離が近い。しかも、マオリ文化との共生という歴史がある。いわゆる大国にへつらったり遠慮したりすることは、はじめからデイヴィスの選択肢にはない。

「考えてみるよ…」

そう答えたのが三二年前。この本を本気で訳すことになった今、やっと彼の問いの背景が少し見えた気がしている。

これ以外では、国際学会での付き合いが多い。三回の国際ペンギン会議（一九八八年、一九九二年、二〇一九年）毎に二週間ずつ。二〇一六年には南アフリカのケープタウンで開催された国際自然保護連合（IUCN）のペンギンスペシャリストグループ（PSG）のワークショップで数日、行動を共にした。

そのワークショップ開幕の前日、アイスブレイクのレセプションで、ビールのボトルを振り回していたデイヴィスにロビーに連れ出された。

「これが妻でこれが息子だ。実は特別に頼みたいことがある。」

デイヴィス一家立ち会いの下、彼は「The Plight of the Penguin」を知ってるか?という。一冊持ってるし、ちゃんと読んだよと応えると「ますます好都合だ」と機嫌がよくなった。

「あれを日本語に訳してくれないか? あれはニュージーランドで児童書部門の賞をもらったものだし、ペンギン好きの日本の人たちにぜひ読んでほしい。そろそろ大きな「宿題」に手をつけたいしね。」

にっこり笑って握手をした時に、この本の運命が動き出した。

「きみの教え子のミホコにも手伝ってもらいたいんだけど構わないよね?」と確認すると、「もちろん!」と二つ返事。こうして、今回は「共訳」という形になった次第だ。「ミホコ」というのは、沼田美穂子さんのこと。現在は、科学文献の翻訳業をしていらっしゃるが、かつて彼女はオタゴ大学でデイヴィスの指導を受け、同大学で学位を取得したという来歴がある。しかも、彼女は一時期コガタペンギンの研究をしていたこともある。

それにしても「宿題」とはなんだ? そう尋ねようとした途端、デイヴィスはほかの研究者に声をかけていた。二〇一六年時点で、彼は「国際的なペンギン研究者コミュニティー」を引っ張る存在の一人となっていた。しかもイケメンの彼には多くのファンがいた。デイヴィス一家の背中を見送りながら、「宿題」とは彼から頼まれた新しい翻訳の仕事のことかな、とぼんやり考えていたのを覚えている。

「宿題」の謎が解けたのはその三年後、オタゴ大学で開催された「第一〇回国際ペンギン会議」のレセプションでのことだった。学会前夜、大学のホールには華やかで期待に満ちた空気が流れていた。グラスを手にした百数十人のペンギン関係者を前にして、デイヴィスが語る。

「今から三一年前、この同じオタゴ大学に、世界中から百二〇人ほどのペンギン研究者が集まりました。そう、世界初のペンギン学会のためです。そして、明日から開かれる第一〇回国際ペンギン会議には、三〇〇人以上の研究者が参加する予定です。そう、ペンギン研究の意義と価値について考え方を同じくするなかまが、着実に増えているのです。」

わき上がる拍手に笑顔で応えると、彼は短くこうつけ加えた。

「会場に小さなカードを置きました。『A POLAR AFFAIR』という、私の十二冊目の本の案内です。そこに、これまでのペンギンをめぐる遍歴をまとめました。それはまた、はからずも、ペンギンと人間との関係について深く考える絶好の機会を、自分自身に与えることにもなったのです。ある生きものとともに、科学者がどのような生涯を送るのか？それは、人間が持つべき大切な『鏡』だと思います。」

その本は、日本でも、すでに『南極探険とペンギン』（夏目大訳、青土社、二〇二一）として翻訳・出版されている。ぜひご一読をお薦めしたい。この「科学ドキュメント」の構成はとても難解だが、デイヴィスの活動を支えてきたものがなにか、思想的・理論的基盤をかなり赤裸々に露出しているといってよい。彼は、六〇代半ばに達した自らに「宿題」を課し、その回答の一つとしてこの作品を世に問うたのだ。

さて、少し冷静になって、ロイド・スペンサー・デイヴィスという人物を紹介しなければならない。

彼は、一九五四年、ニュージーランド北島のネイピアで生まれた。ちなみに訳者（上田）とは同い年である。彼を紹介する様々なサイトや印刷物などを、この機会に改めて確認してみると肩書が大変なことになっている。

いわく…作家、写真家、映画監督、科学者、サイエンスコミュニケイター等々。科学者という肩書が四番目にあることにも驚かされた。

確かに、これまでのデイヴィスの作品や数々の受賞歴をみれば、このような紹介になるのも当然だ。オタゴ大学の公式ホームページにはこうある。

「ロイドは国際的に認められた科学者であり、受賞歴のある作家であり、映画監督でもあります。現在、オタゴ大学のスチュアート科学コミュニケーション学科の初代教授を務め、行動生態学から科学コミュニケーション、科学外交にまでおよぶ一五五以上の査読付き論文を発表しています。」

論文については、かなり専門的な話になるので解説はほかの機会に譲ろう。ここではまず、彼の著書、一三作品のラインナップに注目したい。

ペンギン生物学の専門的文献（論文集）が二点、ペンギンに関する一般的啓蒙書が三点、ペンギン写真集が二点、ペンギンに関する児童書が二点、ドキュメント映像制作関連、科学外交関連が各々一点、そして紀行文的科学ドキュメント作品が二点という構成である。

これらを俯瞰的に分析すると、デイヴィスはその四十数年間にわたる生物学者としての活動の中で、次の六つの視点あるいはアプローチを基本としていたようだ。

①ペンギンの生態学的研究、②ペンギンに関する基本的知識の普及、③子どもの教育素材としてのペンギン解説、④ペンギン研究者の行動解析、⑤自然史ドキュメント制作、⑥科学外交に関する考察。

例えば、先にご紹介した『南極探険とペンギン』は④、本書は③の一例だといえる。しかし、これらの全作品には、ある共通した「視座」が隠れている。

デイヴィスの苦悩や個人的真情を最も包み隠さず伝えているのは『南極探険とペンギン』だが、世界を放浪するペンギン研究者の脳裏には、いつも「進化」・「科学」・「文明あるいは政治」への敏感な指向性アンテナからの画像が意識され描き出されている。

そして本書。この作品はニュージーランドで「児童書の賞」を受けている。正直に言えば「？」であろう。少なくとも筆者の第一印象は「ほんと？」だった。理由はいくつもある。第一に、難しい進化論やダーウィニズムの話題に子どもたちはついてこられるのだろうか？　第二に、繁殖や性に関する記述や表現を子どもたちがどこまで理解できるのだろうか？　第三に、ブレジネフだとか環境問題を巡る政治的な比喩や内容を子どもたちがどのように受けとめるのだろうか？

本書を訳すにあたって、一筋縄ではいかないハードルがそこに立ちふさがっていたのだ。デイヴィスは、この本の日本語版制作をなぜ筆者に依頼したのだろう？　自問自答を試みたが、答えはなかなか出なかった。

共訳者の沼田さんとも相談し、デイヴィスとも連絡をとった末、一つの結論を得た。この本は子ども向けのふりをした大人向けの本だ。だから「文体は丁寧体」としよう。文章だけに頼らず写真やイラストの力を信じよう。開き直り

「あなたはペンギンがどんな生きものかほかの人に説明できますか？」デイヴィスは、読者にそう問いかけている。「あなたの中にあるペンギンってどんな生きものですか？」

おそらく、みなさんの頭の中には、たくさんのペンギン像が生まれてくることだろう。それがデイヴィスの真の狙いなのではないだろうか。

である。そして、この開き直りには訳者なりの根拠があった。

デイヴィスの著書、一三作品を思い出していただきたい。それらは、確かに外観上六つのテーマや形式に分類できる。しかし、つまるところ、それら全ては、多様な活動分野と関心領域をあわせ持つ、デイヴィスという一人の極めて創造的な人物の人格と脳の産物である。だから、本書も「児童書」という体裁のデイヴィスワールドなのだ。

ペンギン生態学の最新情報、進化論の検討、繁殖や性に関する解釈、政治や外交へのコメント。これらのテーマを「児童書」としてまとめ表現したらどうなるのか？　そこで、映像やイラストはどんな役割を演じられるのか？　デイヴィスは、読者にそう問題提起しているのだ。

彼の答えは本書の中にある。できるだけたくさん探し出していただきたい。一つだけヒントを差し上げよう。

二〇二二年六月三〇日

上田一生

［著者］ロイド・スペンサー・デイヴィス（Lloyd Spencer Davis）
生物学者、サイエンスコミュニケーター。現在ニュージーランドのオタゴ大学で教鞭をとる。ペンギンを40年以上にわたり研究し、ペンギンに関する著書は『南極探検とペンギン』、*Penguins*,（T&ADPoyser:2010）、*Waddle: A Book of Fun for Penguin Lovers*（Exisle Publishing:2019）など多数。

［訳者］上田一生（うえだ・かずおき）
東京都出身、ペンギン会議（PCJ）研究員、国際自然保護連合（IUCN）・種の保存委員会（SSC）・ペンギンスペシャリストグループ（PSG）メンバー。著書に『ペンギンは歴史にもクチバシをはさむ』（岩波書店）など、訳書に『ペンギン大全』（青土社・共訳）など、映画監修『皇帝ペンギン』（リュック・ジャケ監督）など、テレビ監修・出演に『ダーウィンが来た！』（NHK）などがある。

［訳者］沼田美穂子（ぬまた・みほこ）
東京都出身のフリーランス翻訳者（英日・日英）、日本翻訳連盟認定一級翻訳士（日英、医学・薬学分野）。6年間の会社勤めを経てオタゴ大学へ大学院留学し修士・博士課程を修了、ポスドクも同大で経験した。ロイド・デイヴィスは修士課程の指導教官であり、コガタペンギンの繁殖行動について共著論文を発表した経歴を持つ。

ペンギンもつらいよ

ペンギン神話解体新書

著者　ロイド・スペンサー・デイヴィス
訳者　上田一生・沼田美穂子

2022年7月25日　第一刷印刷
2022年8月10日　第一刷発行

発行者　清水一人
発行所　青土社

〒101-0051　東京都千代田区神田神保町1－29　市瀬ビル
［電話］03－3291－9831（編集）　03－3294－7829（営業）
［振替］00190－7－192955

印刷・製本　シナノ
装丁　大倉真一郎

ISBN978-4-7917-7477-7　Printed in Japan